江苏省高效节水灌溉典型设计

江苏省农村水利科技发展中心　编著

东南大学出版社
SOUTHEAST UNIVERSITY PRESS
·南京·

内容提要

本书汇集了近年来江苏高效节水灌溉工程规划设计工作的最新成果，选择了18个不同地区、不同规模、不同类型的高效节水灌溉工程的设计理念，在方案布局、设计流程、设计重点等方面以图表形式举例说明。本书提出的技术数据和结论具有较强的针对性，可供高效节水灌溉工程规划设计工作者借鉴和参考。

图书在版编目(CIP)数据

江苏省高效节水灌溉典型设计／江苏省农村水利科技发展中心编著．—南京：东南大学出版社，2018.10

ISBN 978-7-5641-8024-9

Ⅰ.①江… Ⅱ.①江… Ⅲ.①农田灌溉—节约用水—江苏 Ⅳ.①S275

中国版本图书馆CIP数据核字(2018)第234386号

江苏省高效节水灌溉典型设计

编　著	江苏省农村水利科技发展中心	责任编辑	刘　坚
电　话	(025)83793329　QQ:635353748	电子邮件	liu-jian@seu.edu.cn
出版发行	东南大学出版社	出 版 人	江建中
地　址	南京市四牌楼2号	邮　编	210096
销售电话	(025)83794561/83794174/83794121/83795801/83792174 83795802/57711295(传真)		
网　址	http://www.seupress.com	电子邮件	press@seupress.com
经　销	全国各地新华书店	印　刷	南京新世纪联盟印务有限公司
开　本	787mm×1092mm　1/16	印　张	10.5
字　数	250千字		
版 印 次	2018年10月第1版第1次印刷		
书　号	ISBN 978-7-5641-8024-9		
定　价	55.00元		

《江苏省高效节水灌溉典型设计》

编 委 会 名 单

主　　　　编	王滇红　孙　浩
副　主　编	姚俊琪　高　见
主要编写人员	胡　乐　周　纲　姚怀柱　王　洁
	张　健　翟林鹏　陈　于

序

党的十九大做出加快生态文明建设的重大战略部署，明确提出推进资源全面节约和循环利用，大力实施国家节水行动。2014年3月14日习近平总书记在中央财经领导小组第五次会议上提出了"节水优先、空间均衡、系统治理、两手发力"的新时代治水方针，把节水放在更加突出的位置，既为农业节水工作赋予了新内涵，也充分表明农业节水工作的极端重要性。国务院将高效节水作为一件大事来抓。《国民经济和社会发展第十三个五年规划纲要》提出5年新增1亿亩高效节水灌溉面积的目标任务，明确江苏省"十三五"期间要完成200万亩的建设任务。省委、省政府将加快推进高效节水工作作为贯彻中央治水方略的重大行动。深入开展农业高效节水灌溉技术研究，对于贯彻节水优先新时代治水方针，有效促进农业节水增效，不断提升水资源的利用效率有着十分重要的指导意义。

江苏地处江淮沂沭泗流域下游，多年平均水资源量320亿立方米，人均占有量为432立方米，仅为全国平均水平的五分之一。随着经济社会的迅猛发展，水污染问题日趋严重，局部地区地下水严重超采并已经引发地质灾害，苏南地区水质型缺水和苏北地区资源型缺水正在成为江苏省经济社会高质量发展的重要制约因素。江苏作为农业大省，农业是用水大户，用水总量占经济社会用水总量的50%以上，农业用水多且效率不高，节水潜力很大。近年来，江苏把大力推进农业节水作为大事来抓，"十二五"以来，累计完成投资近500亿元，大力实施大中型灌区节水改造、规模化节水灌溉增效、千亿斤粮食田间工程、小农水重点县等，建成并进一步完善农业节水工程体系。至2017年年底，全省农田有效灌溉面积达到6198万亩，占耕地面积的90.2%；节水灌溉工程控制面积达到3956万亩，占耕地面积的57.6%；农田灌溉水利用系数达到0.608，农业节水能力显著提升。但江苏省高效节水灌溉发展总体偏慢，工程控制面积占节水灌溉面积的比例不到10%，远未达到全国13%的发展水平，农业节水灌溉发展的步伐还不能完全满足现代农业和水利现代化的发展需求。切实强化高效节水灌溉技术研究，大力推广应用高效节水灌溉技术，既是转变农业灌溉方式，实现现代农业和水利现代化的客观要求，也是深入贯彻党的十九大精神、积极践行国家节水行动的迫切需要。

江苏省农村水利科技发展中心根据高效节水灌溉工程设计规程，在总结以往高效节水设计经验，结合各地高效节水建设实践的基础上，从工程概况、产业布局和灌溉方式等方面，选择不同地区、不同产业、不同规模的典型设计，组织编制了《江苏省高效节水灌溉典型设计》一书。该书从低压管道灌溉、喷灌和微灌等方面，共列出了18个典型设计方案，从工程规模入手，确定设计参数，完善设计流程，规范设计技术参数选择，形成了一套可参照、可选择、可类比的设计规范文本，既可为各设计单位进行高效节水工程设计提供很好的参照文本，又可为工程建设管理以及相关技术研发、咨询、推广应用等提供重要参照依据。相信这本书的出版发行，对各地选择适合当地设计形式，提高灌溉工程设计水平，更好地推广应用高效节水灌溉先进技术，对全面提升江苏省高效节水灌溉整体水平，必将发挥十分重要的技术支撑作用。

是为序！

江苏省水利厅副厅长　教授　叶健

前 言

江苏既是经济大省，也是农业大省、水利强省。新中国成立以来，江苏开展了大规模农田水利建设，特别是“十二五”以来，江苏围绕农业和水利现代化建设，大力实施灌区节水改造、小型农田水利重点县等工程建设，建成有效灌溉面积6198万亩，发展节水灌溉工程控制面积3956万亩，灌溉水有效利用系数达0.608。但江苏高效节水灌溉工程建设进度滞后，难以适应农业和水利现代化发展需要。按照国家部署要求，“十三五”期间，江苏要完成200万亩高效节水灌溉工程建设。

高效节水灌溉工程的加快实施，可以提升水资源的利用效率，有力推动高效农业、设施农业、观光农业的加快发展。但从工程实践看，因设计不科学，造成面积选择不当、工程布局不优、灌溉方式不准，导致灌溉用水不及时，亩均耗电量过高，既影响到农田灌溉的顺利进行，又增加了农业生产成本，更影响到部分地方实施高效节水工程的积极性。基于上述原因，本着优化布局、优化设计的原则，本书结合不同地形、不同农业生产状况、不同灌溉方式，在相关单位的支持帮助下，选取18个高效节水灌溉工程典型设计，涵盖了低压管道灌溉、喷灌、滴灌、微喷灌、小管出流等多种灌溉方式，在参数选择、轮灌组划分、相关计算、工程投资等方面都进行严格把控，旨在为今后的高效节水灌溉工程设计提供一定的参考。

在本书的编写过程中，江苏省水利厅叶健副厅长给予了关心和大力支持，江苏省农村水利科技发展中心吉玉高高级工程师在本书布局、质量把关和编制进度上给予了指导和督促，河海大学缴锡云教授在技术方面对本书严格把关。本书共有18个典型设计，编写分工为：前言、第1章、第2章由王滇红负责编写；第

3 章由姚俊琪负责编写；第 4 章、第 5 章、第 6 章由孙浩负责编写；第 7 章、第 8 章由高见负责编写；第 9 章由胡乐负责编写；第 10 章由周纲负责编写；第 11 章由姚怀柱负责编写；第 12 章、第 13 章由王洁负责编写；第 14 章、第 15 章由张健负责编写；第 16 章由翟林鹏负责编写；第 17 章、第 18 章由陈于负责编写。相关设计单位参与编写工作。全书的统稿工作由王滇红、孙浩负责。

在本书的编写过程中，由于编者理论深度、实践广度和文字表达能力均有所不足，加之编制时间仓促，错误和疏漏在所难免，敬请广大读者予以指正。

编　者

2018 年 5 月

目录
CONTENTS

1 扬州市江都区某低压管道灌溉工程 …… 1

1.1 基本概况 …… 1

1.2 管道布置 …… 1

1.3 设计参数 …… 1

1.4 工程设计 …… 1

1.5 主要工程量 …… 4

1.6 工程效益 …… 5

1.7 附图 …… 5

2 盐城市盐都区某低压管道灌溉工程 …… 6

2.1 基本概况 …… 6

2.2 管道布置 …… 6

2.3 设计参数 …… 6

2.4 工程设计 …… 6

2.5 附属设施 …… 10

2.6 主要工程量 …… 11

2.7 工程效益 …… 11

2.8 附图 …… 11

3 邳州市某低压管道灌溉工程 …… 12

3.1 基本概况 …… 12

3.2 管道布置 …… 12

3.3 设计参数 …… 12

3.4 工程设计 …… 13

3.5 附属设施 …… 16

3.6 主要工程量 …… 17

3.7 工程效益 …… 17
3.8 附图 …… 18
4 徐州市铜山区某低压管道灌溉工程 …… 19
4.1 基本概况 …… 19
4.2 管道布置 …… 19
4.3 设计参数 …… 19
4.4 工程设计 …… 20
4.5 附属设施 …… 24
4.6 主要工程量 …… 24
4.7 工程效益 …… 24
4.8 附图 …… 25
5 宿迁市宿城区某低压管道灌溉工程 …… 26
5.1 基本概况 …… 26
5.2 管道布置 …… 26
5.3 设计参数 …… 26
5.4 工程设计 …… 27
5.5 附属设施 …… 31
5.6 主要工程量 …… 31
5.7 工程效益 …… 32
5.8 附图 …… 32
6 淮安市清江浦区某低压管道灌溉工程 …… 33
6.1 基本概况 …… 33
6.2 管道布置 …… 33
6.3 设计参数 …… 33
6.4 工程设计 …… 33
6.5 附属设施 …… 38
6.6 主要工程量 …… 38
6.7 工程效益 …… 39
6.8 附图 …… 39
7 新沂市某低压管道灌溉工程 …… 40
7.1 基本概况 …… 40

7.2 管道布置 …… 40
7.3 设计参数 …… 40
7.4 工程设计 …… 40
7.5 附属设施 …… 44
7.6 主要工程量 …… 44
7.7 工程效益 …… 45
7.8 附图 …… 45
8 涟水县某低压管道灌溉工程 …… 46
8.1 基本概况 …… 46
8.2 管道布置 …… 46
8.3 设计参数 …… 46
8.4 工程设计 …… 46
8.5 附属设施 …… 53
8.6 主要工程量 …… 53
8.7 工程效益 …… 54
8.8 附图 …… 54
9 扬中市某低压管道灌溉工程 …… 55
9.1 基本概况 …… 55
9.2 管道布置 …… 55
9.3 设计参数 …… 55
9.4 工程设计 …… 55
9.5 附属设施 …… 62
9.6 主要工程量 …… 62
9.7 工程效益 …… 62
9.8 附图 …… 63
10 常熟市某低压管道灌溉工程 …… 64
10.1 基本概况 …… 64
10.2 管道布置 …… 64
10.3 设计参数 …… 64
10.4 工程设计 …… 64
10.5 主要工程量 …… 68

10.6 工程效益 …… 68
10.7 附图 …… 68
11 盐城市盐都区某滴灌工程 …… 69
11.1 基本概况 …… 69
11.2 灌水器的选择 …… 69
11.3 管道布置 …… 69
11.4 设计参数 …… 70
11.5 工程设计 …… 70
11.6 附属设施 …… 74
11.7 主要工程量 …… 74
11.8 工程效益 …… 75
11.9 附图 …… 75
12 宿迁市宿城区某滴灌工程 …… 76
12.1 基本概况 …… 76
12.2 管道布置 …… 76
12.3 设计参数 …… 77
12.4 工程设计 …… 77
12.5 附属设施 …… 81
12.6 主要工程量 …… 82
12.7 工程效益 …… 82
12.8 附图 …… 82
13 南京市江宁区某滴灌工程 …… 83
13.1 基本概况 …… 83
13.2 灌水器选择 …… 83
13.3 管道布置 …… 84
13.4 设计参数 …… 84
13.5 工程设计 …… 85
13.6 附属设施 …… 88
13.7 主要工程量 …… 89
13.8 工程效益 …… 89
13.9 附图 …… 89

14 连云港市赣榆区某小管出流灌溉工程 …… 90

14.1 基本概况 …… 90
14.2 灌水器选择 …… 90
14.3 管道布置 …… 90
14.4 设计参数 …… 90
14.5 工程设计 …… 91
14.6 附属设施 …… 97
14.7 主要工程量 …… 97
14.8 工程效益 …… 98
14.9 附图 …… 98

15 连云港市赣榆区某喷灌工程 …… 99

15.1 基本概况 …… 99
15.2 管道布置 …… 99
15.3 设计参数 …… 100
15.4 工程设计 …… 100
15.5 附属设施 …… 106
15.6 主要工程量 …… 108
15.7 工程效益 …… 108
15.8 附图 …… 108

16 南京市江宁区某喷灌工程 …… 109

16.1 基本概况 …… 109
16.2 灌水器选择 …… 109
16.3 管道布置 …… 110
16.4 设计参数 …… 110
16.5 工程设计 …… 110
16.6 附属设施 …… 114
16.7 主要工程量 …… 115
16.8 工程效益 …… 115
16.9 附图 …… 115

17 如皋市某微灌工程 …… 116

17.1 基本概况 …… 116

17.2 灌水器选择 …… 116
17.3 管道布置 …… 116
17.4 设计参数 …… 116
17.5 工程设计 …… 117
17.6 附属设施 …… 121
17.7 主要工程量 …… 121
17.8 工程效益 …… 122
17.9 附图 …… 122
18 苏州市相城区某微灌工程 …… 123
18.1 基本概况 …… 123
18.2 管道布置 …… 123
18.3 设计参数 …… 123
18.4 工程设计 …… 124
18.5 附属设施 …… 128
18.6 主要工程量 …… 128
18.7 工程效益 …… 129
18.8 附图 …… 129
附图 …… 130
鸣谢 …… 152
参考文献 …… 154

1 扬州市江都区某低压管道灌溉工程

【导语】

该设计选择平原区小型机电灌区，面积为200亩①，工程措施为水稻低压管道灌溉，工程总投资约40万元。该区项目根据地块特点，采用干管、分干管续灌，支管轮灌，对平原水网地区小型灌溉片具有较好的典型示范作用。

1.1 基本概况

项目区位于扬州市江都区，以盐邵河为水源，该田块地面高程较低，土质为沙壤土，交通便利。区内种植面积为200亩，全部种植水稻。

1.2 管道布置

干管从提水泵站引出，沿东西向分布。分干管沿南北向布置，支管沿东西向分布在分干管两侧，支管上每块田块设一出水口。竖管及放水口管采用PVC-U管，高出地面30 cm。放水口采用分体式给水栓，给水栓下设消力井，以防止放水口出水水流对田块的冲刷。

1.3 设计参数

（1）灌溉设计保证率95%；

（2）灌溉水有效利用系数0.90。

1.4 工程设计

1.4.1 灌溉制度

项目区水稻泡田定额为100 m^3/亩。灌水延续时间与作物种类、灌区面积大小及农业生产劳动计划等因素有关，根据项目区实际情况，取泡田期 $T=3$ d，系统日工作时间 $t=20$ h。

1.4.2 灌溉工作制度

根据田块及放水口的布置情况，同时考虑管理方便及可能出现的集中供水，采用干管、

① 1亩=666.7 m^2。

分干管续灌,支管分3组轮灌,每个轮灌组灌1天。

1.4.3 管网设计流量计算

1)灌溉系统设计流量

$$Q_0 = \frac{\alpha m A}{T t \eta}$$

式中:Q_0——灌溉系统设计流量,m^3/h;

α——作物种植比例,取1.0;

m——灌水定额,取100 m^3/亩;

A——设计灌溉面积,取200亩;

T——泡田时间,取3 d;

η——灌溉水有效利用系数;

t——系统日工作小时数,取20 h。

经计算:$Q_0 = 370.4\ m^3/h$。

管网各级管道设计流量:

$$Q = \frac{n}{N} Q_0$$

式中:Q——某级管道的设计流量,m^3/h;

n——该管道控制范围内同时开启的给水栓个数;

N——全系统同时开启的给水栓个数。

该项目区铺设6条支管,放水口数量共41个(表1.1)。

表1.1 轮灌分组表

序号	干管名称	支管名称	控制面积(亩)	流量(m^3/h)	放水口数量(个)	放水口管径(mm)	放水口流量(m^3/h)	轮灌时间	备注
1	分干管1	支管1	20.0	45.2	5	75	9.03	第一天	轮灌组1
		支管2	35.0	72.3	8	75	9.03		
		支管3	30.0	54.2	6	75	9.03	第二天	轮灌组2
		支管4	37.5	72.3	8	75	9.03		
2	分干管2	支管5	32.5	54.2	6	75	9.03	第三天	轮灌组3
		支管6	45.0	72.2	8	75	9.03		

2)管材与管径的选择

根据《农田低压管道输水灌溉工程技术规范》(GB/T 20203—2017),按经济流速选择管径(表1.2):

$$D = \sqrt{\frac{4Q}{\pi v}}$$

式中:D——管内径,m;

Q——管段设计流量,m^3/s;

v——管道经济流速,取1.1 m/s。

表 1.2 管径选择表

管道名称	设计流量（m^3/h）	管长（m）	经济管径（mm）	选择管径（mm）	壁厚（mm）	管内径（mm）
干管	370.4	340	345.0	355	8.7	337.6
分干管 1	243.9	230	279.9	280	6.9	266.2
分干管 2	126.5	100	201.6	280	6.9	266.2
支管 1	45.2	100	120.5	160	4.0	152.0
支管 2	72.3	225	152.4	180	4.4	171.2
支管 3	54.2	140	132.0	160	4.0	152.0
支管 4	72.3	254	152.4	180	4.4	171.2
支管 5	54.2	140	132.0	160	4.0	152.0
支管 6	72.3	310	152.4	180	4.4	171.2

3）孔口计算

孔口出流公式：

$$q = \mu A\sqrt{2gH}$$

式中：q——孔口出流量，取 9.03 m^3/h；

μ——流量系数，取 0.7；

A——孔口断面面积，m^2，$A = \pi d^2/4$。

H——孔口工作水头，取 0.1 m。

经计算：D = 57 mm，根据样本，选用直径为 75 mm 的给水栓。

1.4.4 水力计算

根据最不利原则，选取支管 2 进行水头损失计算。管道沿程水头损失按下式计算：

$$h_f = f\frac{Q^m}{D^b}L$$

式中：h_f——沿程水头损失，m；

Q——管道的设计流量，m^3/h；

L——管长，m；

D——管内径，mm；

f——管材摩阻系数，取 0.948×10^5。

m——流量指数，取 1.77；

b——管径指数，取 4.77。

根据规范，局部水头损失按管道沿程水头损失 10% 计。

水力计算见表 1.3。

表 1.3　水力计算表

管道名称	设计流量 (m^3/h)	管长 (m)	管内径 (mm)	沿程水头损失 h_f(m)	局部水头损失 h_j(m)	总水头损失 h_w(m)
支管 2	72.3	225	171.2	0.92	0.092	1.012
分干管 1	243.9	230	266.2	0.99	0.099	1.089
干管	370.4	340	337.6	0.98	0.098	1.078

经计算：$h_f=2.89$ m。

出水口高出田面 0.3 m，管道埋深 0.7 m，竖管高度 1.0 m，出水口工作水头 0.1 m，末端所需压力为出水口工作水头及竖管高度之和，末端出水口工作水头为 1.1 m，则干管入口处所需的工作水头：$H_m=(2.89+1.1)\times1.1=4.389$ m。

1.4.5　机泵选型

水泵设计扬程：

$$H_p = H_m + \sum h_f + \sum h_j + \Delta Z$$

式中：H_p——水泵设计扬程，m；

H_m——干管入口工作水头，m；

$\sum h_f$——水泵吸水管进口至管道系统进口之间的管道沿程水头损失，m；

$\sum h_j$——水泵吸水管进口至管道系统进口之间的管道局部水头损失，m；

ΔZ——水泵安装高程与水源水位的高差，取 3.0 m。

水泵管路吸水管、出水管及首部水头损失总和，取 2.0 m。

经计算：$H_p=4.39+2.0+3.0=9.39$ m。

根据设计流量 370.4 m^3/h 和扬程 9.39 m，选择 200HWG-10 混流泵 1 台，配套电机功率 18.5 kW。水泵的设计流量为 370 m^3/h，扬程 12 m，转速 1450 r/min。

1.5 主要工程量

主要工程量如表 1.4 所示。

表 1.4　主要工程量表

序号	名称	规格	单位	数量
一	管道及配件			
1	PVC-U 管	DN160	m	380
		DN180	m	789
		DN280	m	430
		DN355	m	340
2	管道配件			
3	出水口	abs 低压农田灌溉用取水阀	只	41
4	排水井		座	2
二	泵站			
1	水泵、基础及进出水管路等	200HWG-10	台套	1

1.6 工程效益

节水:灌溉水有效利用系数可达到 0.9,亩均灌水量 500 m^3,相对传统灌溉亩均灌水量 700 m^3 左右,亩均可节水 200 m^3,项目区年均节水量 4 万 m^3。

节地:管道埋设于地下,只在出水口处立竖管于地上,以及阀门井等占用部分土地,基本不占用耕地,原先作为输水渠道的农、毛渠等各级渠道可回填耕种,实施管道灌溉将原渠道回填后,项目区共可增加耕地面积 5.5 亩。

1) 节水效益

工程实施后,灌溉水有效利用系数提高至 0.90,亩均灌水量需 500 m^3,相对传统灌溉(亩均灌水量 700 m^3),可节水 200 m^3/亩,平均节水量 4 万 m^3。

2) 节地效益

输水管道埋于地下,基于不占用耕地,原先作为输水渠道的农、毛渠等回填耕种后,可增加耕地面积 5.5 亩。

3) 省工效益

与明渠灌溉相比,每年每亩可节省人工 2 工日,年节省人工 400 工日。

4) 增产效益

项目区实施低压管道灌溉,提高了灌溉保证率,进而提升了作物生产保障能力,据估算,亩均可增产约 100 kg。

1.7 附图

详见附图一。

2　盐城市盐都区某低压管道灌溉工程

【导语】

项目区位于里下河腹部地区，种植面积为306亩，以水稻小麦轮作为主。该地区土地已全部流转，由大户集中种植，采用干管和分干管续灌、支管轮灌的低压管道灌溉方式，总投资约47万元，对里下河地区推广低压管道灌溉具有较好的典型示范作用。

2.1　基本概况

项目区位于盐城市盐都区，区内地形平坦，土壤质地为粉质黏土，项目区周围有长沙河、丰收河等灌溉水源，河流常年水量充足，水质较好，水源有保障。项目区地块面积均较小，田间工程只涉及输水管道的干、支管两级，以及田间排水的斗、农沟，多数地块只需设置农沟直接将水排到地块周边河网。

2.2　管道布置

以丰收河为灌溉水源，从提水泵站引出灌溉水，途经干管、分干管及分干管上各支管，最后通过给水栓对地块进行灌溉。干、支管选用PVC-M管，埋深70 cm，其布置及连接根据实际田块走向和灌溉水源位置确定。

2.3　设计参数

（1）灌溉设计保证率95%；

（2）灌溉水有效利用系数0.90。

2.4　工程设计

2.4.1　灌溉制度

项目区水稻全部采用浅湿灌溉方式，水稻主要品种为中稻，泡田定额按下式计算：

$$M_1 = \frac{6.67a_1 + 0.667(S_1 t_1 + e_1 t_1 - p)}{0.667(h_0 + S_1 + e_1 t_1 - p)}$$

式中：M_1——泡田定额，m^3/亩；

h_0——插秧时田面所需的水层深度,取 20 mm;

S_1——泡田期的渗漏量,mm;

t_1——泡田期的日数,取 4 d;

e_1——t_1 时期内水田田面平均蒸发强度,取 8 mm/d;

p——t_1 时期内的降雨量,mm,可忽略不计。

经计算:M_1 = 79.24 m³/亩,取 80 m³/亩。

水稻泡田期为用水高峰期,故以此阶段用水量(80 m³/亩)来计算水源工程供水规模。

灌水率:

$$q_s = \frac{\alpha m}{3600Tt}$$

式中:q_s——灌水率,m³/(s·万亩);

α——水稻种植比例,取 1.0;

m——灌水定额,m³/亩;

T——泡田时间,取 4 d;

t——系统日工作小时数,取 20 h。

经计算:q_s = 2.778 m³/(s·万亩)。

2.4.2 灌溉工作制度

灌溉时采用轮灌的工作制度,分 4 个轮灌组,每个轮灌组灌水持续时间为 1 d,系统日工作时间为 20 h,系统总灌水时间为 4 d。具体轮灌组划分详见表 2.1。

表 2.1 各级管道流量等参数计算表

干管名称	支管名称	控制面积(亩)	流量(m³/h)	放水口数量(个)	管径(mm)	放水口流量(m³/h)	轮灌组序号	轮灌时间(d)
干管 Ab	支管 bgi	72	337	12	315	16.84	1	1
	支管 ih		128	8	200	16.00		
	支管 bj	76	356	12	315	17.78	2	1
	支管 je		135	8	200	19.00		
干管 Aa	支管 ak	82	384	12	315	19.18	3	1
	支管 ck		146	8	200	18.22		
	支管 am	76	356	12	315	17.78	4	1
	支管 md		135	8	200	16.89		

2.4.3 管网设计流量计算

灌溉系统设计流量:

$$Q_0 = \sum_{1}^{e}\left(\frac{\alpha_i m_i}{T_i}\right)\frac{A}{t\eta}$$

式中:Q_0——灌溉系统设计流量,m³/h;

α_i——灌水高峰期第 i 种作物的种植比例；

m_i——灌水高峰期第 i 种作物的灌水定额，m³/亩；

A——设计灌溉面积，亩；

T_i——灌水高峰期第 i 种作物的一次灌水延续时间，d；

η——灌溉水有效利用系数；

t——系统日工作小时数，取 20 h；

e——灌水高峰期同时灌水的作物种类。

管径：

$$D = \sqrt{\frac{4Q}{\pi v}}$$

式中：D——管内径，m；

Q——管段设计流量，m³/s；

v——管道经济流速，取 1.2 m/s。

根据计算结果，确定干管、支管的流量、管径(表 2.2)。干管和支管均采用 PVC-M 管。

表 2.2　各级管道管径、流速计算结果表

管道名称	设计流量(m³/h)	管长(m)	经济管径(mm)	选择管径(mm)	壁厚(mm)	管内径(mm)	平均流速(m/s)
支管 bgi	337	155	282	315	7.2	300.6	1.32
支管 ih	128	80	174	200	4.9	190.2	1.25
支管 bj	356	120	290	315	7.2	300.6	1.39
支管 je	135	84	190	200	4.9	190.2	1.49
支管 ak	384	135	301	315	7.2	300.6	1.50
支管 ck	146	80	185	200	4.9	190.2	1.42
支管 am	356	125	290	315	7.2	300.6	1.39
支管 md	135	80	178	200	4.9	190.2	1.32
分干管 Ab	356	94	290	315	7.2	300.6	1.49
分干管 Aa	384	130	301	315	7.2	300.6	1.50
干管 PA	384	29	301	315	7.2	300.6	1.50

2.4.4　水力计算

1）管道沿程水头损失

$$h_f = f\frac{Q^m}{D^b}L$$

式中：h_f——沿程水头损失，m；

Q——管道的设计流量，m³/h；

L——管长，m；

D——管内径，mm；

f——管材摩阻系数，取 0.948×10^5；

m——流量指数，取 1.77；

b——管径指数，取 4.77。

2）沿程多孔口水头损失

$$h_f' = F h_f$$

$$F = \frac{N\left(\frac{1}{m+1} + \frac{1}{2N} + \frac{\sqrt{m-1}}{6N^2}\right) - 1 + X}{N - 1 + X}$$

式中：h_f'——多孔口沿程水头损失，m；

F——多口系数；

N——出流孔口数；

X——多孔管首孔位置系数，即多孔管入口至第一个出流孔管口的距离与各出流孔口间距之比；

m——流量指数。

局部水头损失按沿程水头损失 10% 计。

本地块低压管道灌水区域的水流主要路线有四种，分别为：

① 干管 P-A→分干管 A-b→支管 b-g-h；

② 干管 P-A→分干管 A-b→支管 b-j-e；

③ 干管 P-A→分干管 A-a→支管 a-k-c；

④ 干管 P-A→分干管 A-m→支管 a-m-d。

管网的水力损失的计算结果如表 2.3 所示。

表 2.3　管网水力计算表

管道名称	设计流量（m^3/h）	管长（m）	管内径（mm）	沿程水头损失 h_f(m)	局部水头损失 h_j(m)	总水头损失 h_w(m)
支管 bgi	337	155	300.6	1.73	0.17	1.90
支管 ih	128	80	190.2	1.64	0.16	1.80
支管 bj	356	120	300.6	1.50	0.15	1.65
支管 je	135	84	190.2	1.92	0.19	2.11
支管 ak	384	135	300.6	2.96	0.30	3.26
支管 ck	146	80	190.2	2.14	0.21	2.35
支管 am	356	125	300.6	1.56	0.16	1.72
支管 md	135	80	190.2	1.83	0.18	2.01
分干管 Ab	356	94	300.6	0.44	0.04	0.48
分干管 Aa	384	130	300.6	0.70	0.07	0.77
干管 PA	384	29	300.6	0.16	0.02	0.18

根据水力损失计算表，可计算出主干管入口工作水头：

$$H_m = 3.26 + 2.35 + 0.77 + 0.18 = 6.56\ \text{m}$$

2.4.5　机泵选型

水泵设计扬程：

$$H_p = H_m + \sum h_f + \sum h_j + \Delta Z$$

式中：H_p—— 水泵设计扬程，m；

H_m—— 干管入口工作水头，m；

$\sum h_f$—— 水泵吸水管至管道系统进口之间的管道沿程水头损失之和，m；

$\sum h_j$—— 水泵吸水管至管道系统进口之间的管道局部水头损失之和，m；

ΔZ—— 水泵安装高程与水源水位的高差，m。

经计算：$H_p = 6.56 + 2.5 + 2.0 = 11.06$ m。

根据设计流量 384 m^3/h 和设计扬程 11.06 m，选用 150QW200-12-11 潜水泵 2 台套，单台潜水泵设计流量 200 m^3/h，设计扬程 12 m，配套电机功率 11 kW。

2.5 附属设施

1）给水栓

给水栓出水口由支管经过竖管引出地面，出水口中心高出地面 0.2 m，埋深 0.7 m，出水口工作水头 0.4 m；给水栓应结构合理、坚固耐用、密封性好、操作灵活、运行管理方便、水利性能好；本工程地块内给水栓间距 18 m，材质为玻璃钢，直径为 90 mm（外径）；本次设计给水栓出水口有控制阀，灌水时采用对称间隔开启，尽量控制各给水栓出水口流量相等；为防止出水口出水水流对田块进行冲刷，对给水栓进行砼套管处理。田间给水栓套管结构如图 2.1 所示。

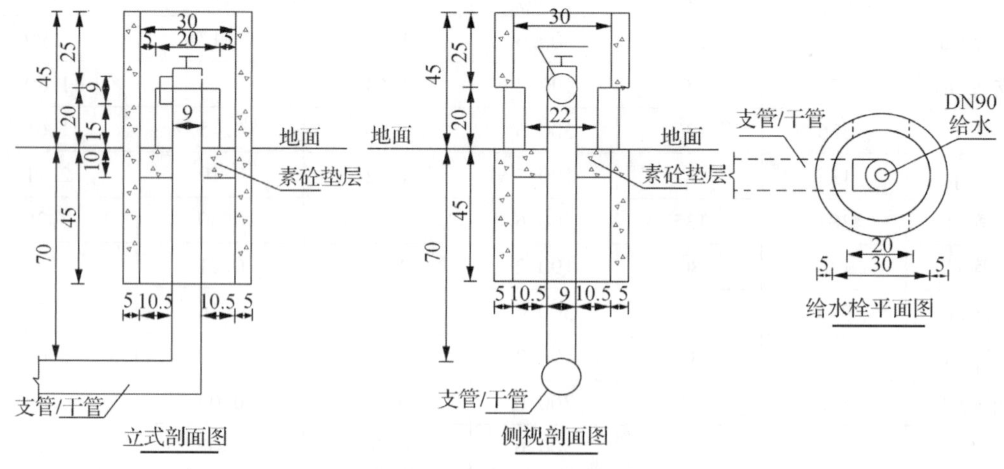

图 2.1　田间给水栓套管结构图

2）量水设施

本工程选择水表进行量水。

3）镇墩

管道上的三通、弯头、异径管处均设置 C25 砼支墩，支墩与管道之间应设橡胶皮垫层，以防止管道的破坏。

2.6 主要工程量

主要工程量如表 2.4 所示。

表 2.4 主要工程量表

序号	名称	规格	单位	数量
一	管道工程及配件			
1	PVC-M	0.4 MPa	m	324
2	PVC-M	0.4 MPa	m	889
3	相关配件		个	200
二	泵站工程			
1	水泵、基础及进出水管路等	150QW200-12-11	台套	2
2	泵房		m^2	55

2.7 工程效益

1）节水效益

项目区灌溉水有效利用系数将由现状的 0.6 左右提高到 0.9 以上，节水显著。按平均年用水量 700 m^3/亩算，年节约水量约 7 万 m^3，年节水效益约 10 万元。

2）节地效益

输水管道埋于地下，基本不占用耕地，与明渠灌溉相比，一般可增加 2% 的耕地面积。工程实施后耕地面积增加 6 ~ 7 亩。

3）省工效益

项目区现状灌溉设施为土质渠道灌溉系统，灌溉水有效利用系数低，费工费力。实施低压管道灌溉后，可大大减少灌溉用劳力，每年每亩可节省人工 2 工日，年节省人工 612 工日。按平均每工日 40 元算，年省工费计 2.45 万元。

4）增产效益

工程实施后，水稻、小麦年均可增产约 50 kg，灌溉效益分摊系数取 0.4，则项目区灌溉增产效益为 3.2 万元。

2.8 附图

详见附图二。

3 邳州市某低压管道灌溉工程

【导语】

项目区设计灌溉面积为365亩,土地性质为家庭联产承包散种模式,采用分组轮灌的方式,作物种植结构为稻麦轮作,工程投资约70万元。该灌溉方式主要适用于徐淮片区散户种植的小型稻麦轮作区。

3.1 基本概况

项目区位于邳州市270省道北侧、250省道东侧,设计灌溉面积365亩,灌溉水源为程圩中沟,土地性质为家庭联产承包散种模式。工程所在地土质为沙壤土,地势平坦,种植作物以稻、麦轮作为主。条田间距75~100 m不等,每个条田的一侧为田间道路。

3.2 管道布置

1)管网总体布置

项目区集中建设变频恒压泵站1座,泵站位于程圩中沟北岸;管道采用树状管网布置形式,由干管、支管、出地管和给水栓等组成,干管沿片区的中间从南向北铺设,支管沿原灌溉渠道一侧布置并垂直于作物种植方向,长度根据田块分布情况具体确定,并满足灌水均匀度要求。干、支管埋深70 cm,支管上每隔30 m(5节PVC-U管的距离)布置一个给水栓,平均每两户共用一个给水栓,单向供水,每个给水栓控制面积为3.5~4.5亩。

2)灌水器的选择

给水栓选用水利部推广的"升降式隐形给水栓"技术,解决了"锈蚀、冲刷、撞击"三大技术问题,实现了升降隐形、360度旋转、涌泉式灌溉、无工具控制、避免栓体误操作造成的主管道水压力损坏等五大功能。给水栓的规格为Φ90。

3.3 设计参数

(1)灌溉设计保证率90%;

(2)灌溉水有效利用系数0.85。

3.4 工程设计

3.4.1 灌水率确定

项目区为小型机电灌区，稻、麦两熟种植区的灌水率以满足水稻泡田要求进行设计。

$$q_s = \frac{\alpha m}{3600Tt}$$

式中：q_s——灌水率，$m^3/(s\cdot万亩)$；

α——水稻种植比例，取1.0；

m——灌水定额，取95 $m^3/亩$；

T——泡田时间，取6 d；

t——系统日工作小时数，取18 h。

经计算：$q_s = 2.4\ m^3/(s\cdot万亩)$。

3.4.2 灌溉工作制度

采用分组轮灌，即干管续灌、支管轮灌，每个轮灌组灌水时间为2 d，共灌溉6 d（表3.1）。

表3.1 轮灌分组表

序号	管道名称		控制面积（亩）	流量（m^3/h）	给水栓数量（个）	给水栓管径（mm）	给水栓流量（m^3/h）	轮灌时间（d）
轮灌组1	干管	支管1	22.5	66.8	6	90	11.1	2
		支管2	26.5	78.7	8	90	9.8	
		支管3	24.0	71.2	6	90	11.9	
		支管4	28.0	83.1	8	90	10.4	
		支管5	24.0	71.2	6	90	11.9	
轮灌组2	干管	支管6	30.0	85.6	8	90	10.7	2
		支管7	23.0	65.6	6	90	10.9	
		支管8	25.0	71.3	8	90	8.9	
		支管9	20.0	57.1	6	90	9.5	
		支管10	32.0	91.3	8	90	11.4	
轮灌组3	干管	支管11	30.0	101.2	6	90	16.9	2
		支管12	35.0	118.0	8	90	14.8	
		支管13	20.0	67.5	4	90	16.9	
		支管14	25.0	84.3	6	90	14.1	

3.4.3 管网设计流量计算

灌溉系统设计流量：

$$Q_0 = \frac{3600 q_s A}{\eta}$$

式中：Q_0——灌溉系统设计流量，m^3/h；

q_s——灌水率，$m^3/(s\cdot万亩)$；

A——设计灌溉面积，亩；

η——灌溉水有效利用系数。

经计算：$Q_0 = 371.0\ m^3/h$。

管网各级管道的设计流量：

$$Q = \frac{A_{管} Q_0}{A_{总}}$$

式中：Q——某级管道的设计流量，m^3/h；

$A_{管}$——该级管道控制的灌溉面积，亩；

$A_{总}$——该轮灌组控制的总灌溉面积，亩。

3.4.4　管径确定

本次设计采用PVC-U管，管径：

$$D = \sqrt{\frac{4Q}{\pi v}}$$

式中：D——管内径，m；

Q——管段设计流量，m^3/s；

v——管道经济流速，m/s，取1.2 m/s。

根据轮灌组划分情况，确定各级管道同时工作的出水口数量，由此确定管道的设计流量。干、支管设计流量的计算结果和管径的选择情况如表3.2所示。

表3.2　管道设计流量和管径计算结果表

序号	管道名称	设计流量(m^3/h)	管长(m)	计算管径(mm)	选择管径(mm)	壁厚(mm)	管内径(mm)	平均流速(m/s)
1	干管	371.0	535	331	315	7.7	299.6	1.46
2	支管1	66.8	165	140	160	4.0	152.0	1.02
3	支管2	78.7	239	152	160	4.0	152.0	1.20
4	支管3	71.2	165	145	160	4.0	152.0	1.09
5	支管4	83.1	233	157	160	4.0	152.0	1.27
6	支管5	71.2	165	145	160	4.0	152.0	1.09
7	支管6	85.6	233	159	160	4.0	152.0	1.31
8	支管7	65.6	165	139	160	4.0	152.0	1.01
9	支管8	71.3	233	145	160	4.0	152.0	1.09
10	支管9	57.1	165	130	160	4.0	152.0	0.87
11	支管10	91.3	233	164	160	4.0	152.0	1.40
12	支管11	101.2	165	173	200	4.9	190.2	0.99

续表

序号	管道名称	设计流量 (m^3/h)	管长 (m)	计算管径 (mm)	选择管径 (mm)	壁厚 (mm)	管内径 (mm)	平均流速 (m/s)
13	支管 12	118.0	233	187	200	4.9	190.2	1.15
14	支管 13	67.5	175	141	160	4.0	152.0	1.03
15	支管 14	84.3	256	158	160	4.0	152.0	1.29

3.4.5 水力计算

1）水头损失

管道沿程水头损失：

$$h_f = f\frac{Q^m}{D^b}L$$

式中：h_f——沿程水头损失，m；

Q——管道的设计流量，m^3/h；

L——管长，m；

D——管内径，mm；

f——管材摩阻系数，取 0.948×10^5；

m——流量指数，取 1.77；

b——管径指数，取 4.77。

支管一般为等距等流量孔口出流，沿程水头损失按下式计算：

$$h_f' = Fh_f$$

$$F = \frac{N\left(\frac{1}{m+1}+\frac{1}{2N}+\frac{\sqrt{m-1}}{6N^2}\right)-1+X}{N-1+X}$$

式中：h_f'——多孔口沿程水头损失，m；

F——多口系数；

N——出流孔口数；

X——多孔管首孔位置系数，即多孔管入口至第一个出流孔管口的距离与各出流孔口间距之比。

根据规范，局部水头损失按沿程水头损失 10% 计。

2）干管入口压力

$$H_m = Z_i - Z_0 + \Delta Z_i + \sum(h_f + h_j) + h_0$$

式中：H_m——干管入口工作水头，m；

Z_0——管道系统的进口中心线高程，取 21.24 m；

ΔZ_i——参考点 i 处给水栓出口中心线与地面的高程差，取 0.30 m；

Z_i——参考点 i 的地面高程，m，在平原地区参考点 i 为距水源最远的给水栓，取 22.20 m；

$\sum(h_f + h_j)$——管道系统进口至参考点 i 给水栓的管路水头损失之和，m；

h_0——给水栓工作水头，取 2.50 m。

经分析比较,选取支管 13 最末端给水栓为最不利工作点,各级管道水头损失计算结果如表 3.3 所示。

表 3.3 各级管道水力计算结果表

序号	管道名称	设计流量(m^3/h)	管长(m)	管内径(mm)	沿程水头损失 h_f(m)	局部水头损失 h_j(m)	总水头损失 h_w(m)	备注
1	出地管	16.9	1	84.4	0.0066	0.0007	0.01	
2	支管 13	84.3	256	190.2	0.300	0.030	1.20	$F=0.45$
3	干管	371.0	535	299.6	1.939	0.194	3.03	

经计算:$H_m=22.20-21.24+0.30+4.24+2.50=8.00$ m。

3.4.6 机泵选型

水泵设计扬程:

$$H_p = H_m + Z_0 - Z_d + \sum h_{f,0} + \sum h_{j,0}$$

式中:H_p——灌溉系统水泵的设计扬程,m;

H_m——干管工作水头,m;

Z_0——管道系统进口高程,m;

Z_d——泵站前池水位或机井动水位,m;

$\sum h_{f,0}$——水泵吸水管进口至管道系统进口之间的管道沿程水头损失,m;

$\sum h_{j,0}$——水泵吸水管进口至管道系统进口之间的管道局部水头损失,m。

经计算:$H_p=8.0+21.3-18.5+2.0=12.8$ m。

根据管网水力计算成果,南宅站相关设计参数如表 3.4 所示。

表 3.4 南宅站设计参数表

灌溉面积(亩)	设计流量(m^3/h)	河底高程(m)	地面高程(m)	河道边坡	站下水位(m)			干管入口压力(m)	干管直径(mm)	干管中心线高程(m)
					最高水位	常水位	最低水位			
365	371.0	18.5	21.3	1:2.5	20.5	20.0	19.5	8.00	315	21.24

根据泵站进、出水管路的布置情况、泵站流量和扬程等参数对水泵的工况点进行校核,最终确定虎丘西站东线选用 ISGB150-20(I)A 型立式单级离心泵 2 台。单台水泵流量 184 m^3/h,扬程 17.0 m,配套电机功率 15.0 kW,额定转速 1450 r/min。

3.5 附属设施

泵站进水侧设置拦格栅防止大的杂物,泵管进口设置拦污网以防止细小的杂物进入。在每台水泵出水管路侧安装电磁流量计。同时,泵站内出水管路侧配有缓闭型止回阀、闸阀和压力表等安全保护装置。泵站内设电机控制保护柜,采用 MNS 型低压开关柜,采用变频器进行电机启动保护和恒压运行保护。

灌溉管网每条支管进口处均设 1 座阀门井;干管和支管的末端、转弯、分岔和阀门处均设置镇墩，干管每隔 30 m 须设支墩 1 座；干、支管末端和最低处设置排水井；首部的最高处、管道起伏的高处、顺坡管道上端阀门的下游均设自动进排气阀；出水口处设出水口保护筒，用于保护出水口，防止意外破坏，还可防止对农田形成冲刷。

3.6 主要工程量

主要工程量如表 3.5 所示。

表 3.5　主要工程量表

序号	名称	规格	单位	数量
一	管道及配件工程	MPa		
1	PVC-U 管	DN315/0.63 MPa	m	535
2		DN200/0.63 MPa	m	398
3		DN160/0.63 MPa	m	2427
4		DN90/0.63 MPa	m	94
5	PVC-U 正三通	DN315/0.63 MPa	个	1
6	PVC-U 异径三通	DN315—200/0.63 MPa	个	2
7		DN315—160/0.63 MPa	个	10
8		DN200—90/0.63 MPa	个	14
9		DN160—90/0.63 MPa	个	80
10	PVC-U 异径直通	DN315—160/0.63 MPa	个	2
11		DN200—90/0.63 MPa	个	2
12		DN160—90/0.63 MPa	个	12
13	PVC-U 蝶阀	DN200/0.63 MPa	个	2
14		DN160/0.63 MPa	个	12
15		DN90/0.63 MPa	个	14
16	给水栓(带水表)	DN90	个	94
二	泵站工程			
1	水泵、基础及进出水管路等	ISGB150—20(I)	台	2
2	真空泵系统（含管路、阀门）	SZG1-8	台套	2
3	电气设备购置及安装工程			

3.7 工程效益

1）节水效益

项目实施后，灌溉水有效利用系数达到 0.85，年节水量 7.97 万 m^3，按水源费与能耗费

0.05 元/m^3 计,年节水效益 0.4 万元。

2）节地效益

与明渠灌溉相比,可节省土地 7.3 亩,受益按 1500 元/亩计,年增加效益 1.1 万元。

3）省工效益

与明渠灌溉相比,管道灌溉亩均节省 3 个工日,以每工日 30 元计,年省工效益为 3.29 万元。

4）增产效益

项目建成后,灌溉保证率达到 90%,提高了农作物的生产保障能力,预计亩均增产 100 kg,共增产 36.5 t,按照 2.0 元/kg,年增产效益 7.3 万元。

3.8 附图

详见附图三。

4　徐州市铜山区某低压管道灌溉工程

【导语】

项目区设计灌溉面积为650亩,土地性质为农业合作社集中经营的规模化种植模式,采用轮灌方式,作物种植结构为稻麦轮作,工程总投资约125万元。适用于徐淮片区规模化种植的稻麦轮作区。

4.1　基本概况

项目区位于徐州市铜山区,设计灌溉面积650亩,灌溉水源为琅溪河。主要为农民土地入股农业合作社集中经营的规模化种植模式。土质为沙壤土,地势平坦,种植作物以稻麦轮作为主。条田间距约150 m,每个条田的一侧为田间道路。

4.2　管道布置

1) 管网总体布置

管网由总干管、干管、支管、出地管和给水栓等组成,采用树状管网布置形式。干、支管埋于地下0.7 m,管路布置时干管沿片区的中间铺设,支管沿原灌溉渠道一侧布置并垂直于作物种植方向,长度由田块分布情况具体确定,并满足灌水均匀度要求。每间隔30 m布置一个给水栓,根据现状确定单、双向供水,每个给水栓灌溉面积约6.5亩。

2) 灌水器的选择

给水栓选用水利部推广的"升降式隐形给水栓"技术,解决了"锈蚀、冲刷、撞击"三大技术问题,实现了"升降隐形、360度旋转、涌泉式灌溉、无工具控制、避免栓体误操作造成的主管道水压力损坏"等五大功能(图4.1)。给水栓规格为Φ90。

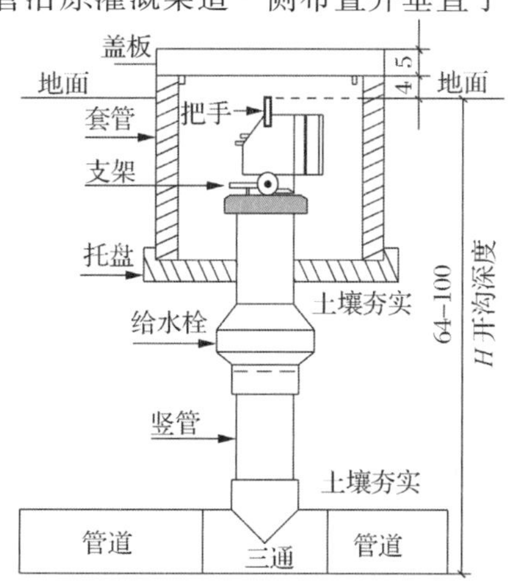

图4.1　升降式隐形给水栓安装图
(单位:cm)

4.3　设计参数

(1) 灌溉设计保证率90%;

(2) 灌溉水有效利用系数0.85。

4.4 工程设计

4.4.1 灌水率

项目区为小型机电灌区，稻、麦两熟种植区灌水率计算要满足水稻泡田要求。

$$q_s = \frac{\alpha m}{3600Tt}$$

式中：q_s——灌水率，m^3/(s·万亩)；

α——水稻种植比例，取1.0；

m——灌水定额，取95 m^3/亩；

T——一次灌水延续时间，取6 d；

t——系统日工作小时数，取18 h。

经计算：q_s=2.4 m^3/(s·万亩)。

4.4.2 灌溉工作制度

采用分组轮灌，即干管续灌、支管轮灌。每个轮灌组灌水时间为2 d，共灌溉6 d(表4.1)。

表4.1 轮灌分组表

序号	干管名称	支管名称	控制面积(亩)	流量(m^3/h)	给水栓数量(个)	给水栓管径(mm)	给水栓流量(m^3/h)	轮灌时间(d)
轮灌组1	总干管 干管1 干管2	支管1-1	77.0	224.7	14	90	16.0	2
		支管1-2	63.0	183.8	9	90	20.4	
		支管1-3	38.0	110.9	8	90	13.9	
		支管2	53.0	154.6	10	90	15.5	
		小计	231.0	674.0	41			
轮灌组2	总干管 干管2 干管3	支管3	52.0	175.2	8	90	21.9	2
		支管4	62.0	208.9	7	90	29.8	
		支管5-1	28.0	94.4	6	90	15.7	
		支管5-2	58.0	195.5	10	90	19.5	
		小计	200.0	674.0	31			
轮灌组3	总干管 干管4 干管5 干管6	支管6	25.0	76.9	4	90	19.2	2
		支管7	73.0	224.7	14	90	16.0	
		支管8-1	31.0	95.4	8	90	11.9	
		支管8-2	40.0	123.1	10	90	12.3	
		支管9	50.0	153.9	14	90	11.0	
		小计	219.0	674.0	50			

4.4.3 管网设计流量计算

灌溉系统设计流量：

$$Q_0 = \frac{3600 q_s A}{\eta}$$

式中：Q_0——灌溉系统设计流量，m^3/h；

q_s——灌水率，$m^3/(s·万亩)$；

A——设计灌溉面积，亩；

η——灌溉水有效利用系数。

经计算：$Q_0 = 674.0\ m^3/h$。

管网各级管道的设计流量：

$$Q = \frac{A_{管} Q_0}{A_{总}}$$

式中：Q——某级管道的设计流量，m^3/h；

$A_{管}$——该级管道控制的灌溉面积，亩；

$A_{总}$——该轮灌组控制的总灌溉面积，亩。

4.4.4 管径确定

按经济合理、供水安全可靠、便于施工等原则，选用 PVC-U 管。

管径的确定按下式计算：

$$D = \sqrt{\frac{4Q}{\pi v}}$$

式中：D——管内径，m；

Q——管段设计流量，m^3/s；

v——管道经济流速，塑料管一般为 1.0 ~ 1.5 m/s，取 1.2 m/s。

根据轮灌组划分情况，确定各级管道同时工作的出水口数量，由此确定管道的设计流量。干、支管设计流量的计算结果和管径的选择情况如表 4.2 所示。

表 4.2 管道设计流量和管径计算结果表

序号	管道编号	设计流量（m^3/h）	管长（m）	经济管径（mm）	选择管径（mm）	壁厚（mm）	管内径（mm）	平均流速（m/s）
1	总干管	674.0	35	446	450	11.0	428.0	1.30
P	干管 1	674.0	157	446	450	11.0	428.0	1.30
3	干管 2	175.2	130	227	250	6.2	237.6	1.10
4	干管 3	674.0	105	446	450	11.0	428.0	1.30
5	干管 4	674.0	265	446	450	11.0	428.0	1.30
6	干管 5	597.1	130	420	400	9.8	380.4	1.46
7	干管 6	372.4	188	331	355	8.7	337.6	1.16
8	支管 1-1	519.4	195	391	400	9.8	380.4	1.27

续表

序号	管道编号	设计流量（m^3/h）	管长（m）	经济管径（mm）	选择管径（mm）	壁厚（mm）	管内径（mm）	平均流速（m/s）
9	支管1-2	294.7	226	295	315	7.7	299.6	1.16
10	支管1-3	110.9	282	181	200	4.9	190.2	1.08
11	支管2	154.6	285	191	250	6.2	237.6	0.97
12	支管3	175.2	343	227	250	6.2	237.6	1.10
13	支管4	208.9	343	248	250	6.2	237.6	1.31
14	支管5-1	289.8	76	292	315	7.7	299.6	1.14
15	支管5-2	195.5	150	240	250	6.2	237.6	1.23
16	支管6	76.9	216	151	160	4.0	152.0	1.18
17	支管7	224.7	193	257	250	6.2	237.6	1.41
18	支管8-1	218.5	110	254	250	6.2	237.6	1.37
19	支管8-2	123.1	120	191	200	4.9	190.2	1.20
20	支管9	153.9	229	213	250	6.2	237.6	0.96

4.4.5 水力计算

1）水头损失

管道沿程水头损失：

$$h_f = f\frac{Q^m}{D^b}L$$

式中：h_f——沿程水头损失，m；

Q——管道的设计流量，m^3/h；

L——管长，m；

D——管内径，mm；

f——管材摩阻系数，取0.948×10^5；

m——流量指数，取1.77；

b——管径指数，取4.77。

支管一般为等距等流量孔口出流，沿程水头损失按下式计算：

$$h_f' = Fh_f$$

$$F = \frac{N\left(\frac{1}{m+1}+\frac{1}{2N}+\frac{\sqrt{m-1}}{6N^2}\right)-1+X}{N-1+X}$$

式中：h_f'——多孔口沿程水头损失，m；

F——多口系数；

N——出流孔口数；

X——多孔管首孔位置系数，即多孔管入口至第一个出流孔管口的距离与各出流孔口间距之比；

根据规范，局部水头损失按沿程水头损失10%计。

2）主干管入口压力

$$H_m = Z_i - Z_0 + \Delta Z_i + \sum (h_f + h_j) + h_0$$

式中：H_m——干管入口工作水头，m；

Z_i——参考点 i 的地面高程，取 30.50 m；

Z_0——管道系统的进口中心线高程，取 29.17 m；

ΔZ_i——参考点 i 处给水栓出口中心线与地面的高程差，取 0.30 m；

$\sum (h_f + h_j)$——管道系统进口至参考点 i 给水栓的管路水头损失之和，m；

h_0——给水栓工作水头，取 2.50 m。

管网工作压力计算时选取最不利工作点作为计算点，经分析比较，项目区最不利轮灌组工作压力的计算线路、各级管道水头损失及主干管入口压力计算结果如表 4.3 所示。

表 4.3　水力计算结果表

序号	管道名称	设计流量 (m^3/h)	管长 (m)	管内径 (mm)	沿程水头损失 h_f(m)	局部水头损失 h_j(m)	总水头损失 h_w(m)
1	出地管	13.9	1.5	84.4	0.01	0.001	0.01
2	支管 1-3	110.9	282	190.2	0.64	0.06	0.71
3	支管 1-2	294.7	226	302.6	0.74	0.07	0.81
4	支管 1-1	519.4	195	382.6	0.57	0.06	0.62
5	干管 1	674.0	157	428	0.42	0.04	0.47
6	总干管	674.0	35	428	0.09	0.01	0.10

经计算：$H_m = 30.50 - 29.17 + 0.30 + 2.72 + 2.50 = 6.85$ m。

4.4.6　机泵选型

水泵设计扬程：

根据管网水力计算成果，跃进 1 号站相关设计参数如表 4.4 所示。

$$H_p = H_m + \sum h_f + \sum h_j + \Delta Z$$

式中：H_p——灌溉系统水泵的设计扬程，m；

H_m——主干管入口工作水头，m；

$\sum h_f$——水泵吸水管进口至管道系统进口之间的管道沿程水头损失之和，m；

$\sum h_j$——水泵吸水管进口至管道系统进口之间的管道局部水头损失，m；

ΔZ——水泵安装高程与水源水位的高差，m。

经计算：$H_p = 6.85 + (30.5 - 25) + 2.0 = 14.35$ m。

表 4.4　跃进 1 号站设计参数表

灌溉面积（亩）	设计流量 (m^3/h)	河底高程 (m)	河道边坡	地面高程 (m)	站下水位(m)		干管入口压力 (m)	干管外径 (m)	干管中心线高程(m)
					常水位	最低水位			
650	674.0	25.0	1:2.5	30.5	28.6	26.4	6.85	450	29.17

根据泵站进、出水管路的布置情况、泵站流量和扬程等参数对水泵的工况点进行校核，确定选用 ISGB200-20(I)A 型立式单级离心泵 2 台。单台水泵流量 358 m^3/h，扬程 17.0 m，配套电机功率 22 kW，额定转速 1450 r/min。

4.5 附属设施

泵站进水侧设置拦格栅防止大的杂物进入，泵管进口设置拦污网防止细小的杂物进入。在每台水泵出水管路侧安装电磁流量计。同时，泵站内出水管路侧配有缓闭型止回阀、闸阀和压力表等安全保护装置。泵站内设电机控制保护柜，采用 MNS 型低压开关柜，采用变频器进行电机启动保护和恒压运行保护。

灌溉管网每条支管进口处均设 1 座阀门井；干管和支管的末端、转弯、分岔和阀门处均设置镇墩，干管每隔 30 m 设支墩 1 座；干、支管末端和最低处设置排水井；首部的最高处、管道起伏的高处、顺坡管道上端阀门的下游均设自动进排气阀；出水口处设出水口保护筒，用于保护出水口，防止意外破坏，还可防止对农田冲刷。

4.6 主要工程量

主要工程量如表 4.5 所示。

表 4.5　主要工程量表

序号	名称	规格	单位	数量
一	管道、管件工程			
1	PVC-U 管	DN450/0.63 MPa	m	547
2		DN400/0.63 MPa	m	325
3		DN355/0.63 MPa	m	188
4		DN315/0.63 MPa	m	302
5		DN250/0.63 MPa	m	1783
6		DN200/0.63 MPa	m	402
7		DN160/0.63 MPa	m	216
8		DN90/0.63 MPa	m	246
10	管件	0.63 MPa	个	320
11	给水栓(带水表)	DN90	个	122
二	泵站工程			
1	水泵、基础及进出水管路等	ISGB200－20(I)A	台套	2

4.7 工程效益

1）节水效益

项目区灌溉面积 650 亩，项目实施后灌溉水有效利用系数可由 0.65 提高至 0.85，年节水量 14.19 万 m^3,按水源费与能耗费 0.05 元/m^3 计,年节水效益 0.71 万元。

2）节地效益

与明渠灌溉相比,可节省土地 13.0 亩左右,受益按 1500 元/亩计,年增加效益 1.95 万元。

3）省工效益

在当地与渠道灌溉相比,管道灌溉每亩可节省 3 个工日,以每工日 30 元计,年省工效益为 5.85 万元。

4）增产效益

工程建成后,灌溉保证率达到 90%,预计增产 100 kg/亩,粮食可增加 65.0 t,按照 2.0 元/kg 计,年增产效益 13.0 万元。

4.8 附图

详见附图四。

5 宿迁市宿城区某低压管道灌溉工程

【导语】

项目区位于大型灌区末端，不能实现自流灌溉。设计灌溉面积440亩，主要作物为水稻，采用干管续灌、分干管和支管轮灌方式灌溉，工程投资约115万元。工程实施后能够更好更快更有效地实现水稻田灌溉，为大型灌区末端不能实现自流灌溉小范围提供良好的解决思路。

5.1 基本概况

项目区位于宿迁市宿城区蔡集镇，皂河灌区末端，总耕地面积440亩，均为百姓的自留地，由农户分散种植，种植结构为稻麦轮作。水源为四斗沟引八支沟的回归水，原项目区布置为沟路渠布置。

5.2 管道布置

1）管网总体布置

管网采用"梳齿"式布置形式。总干管沿排涝沟及南北向水泥路西侧铺设，分干管沿东西方向渠道铺设，共铺设支管6条，编号为支管1－6。干、支管交汇处及支管分叉处设置闸阀，布置在闸阀井内。

2）给水栓设置

项目区内因种植模式是一家一户种植，不具备统一灌溉管理条件，所以管网设计时采用设置给水栓供水方式为农户提供灌溉用水。给水栓采用DN75，其安装位置通过对种植田块农户调查来确定，即每隔30 m设置一个。

5.3 设计参数

（1）灌溉设计保证率90%；

（2）灌溉水有效利用系数0.92。

5.4 工程设计

5.4.1 灌溉制度

灌溉系统设计流量：

$$Q_0 = \sum_1^e \left(\frac{\alpha_i m_i}{T_i}\right)\frac{A}{t\eta}$$

式中：Q_0——灌溉系统设计流量，m^3/h；

α_i——灌水高峰期第 i 种作物的种植比例；

m_i——灌水高峰期第 i 种作物的灌水定额，取 85 m^3/亩；

A——设计灌溉面积，184 亩；

T_i——灌水高峰期第 i 种作物的一次灌水延续时间，d；

η——灌溉水有效利用系数；

t——系统日工作小时数，取 18 h；

e——灌水高峰期同时灌水的作物种类。

该地块种植作物 1 种，经计算：$Q_0 = 471.6\ m^3/h$。

5.4.2 灌溉工作制度

根据田块及放水口的布置情况，同时考虑管理方便和可能出现集中供水情况，采用干管续灌、支管轮灌，即每 2 条支管为一个轮灌组，共 3 个轮灌组，每个轮灌组灌溉 2 d，总工作时间为 6 d。具体轮灌组划分如表 5.1 所示。

表 5.1 轮灌组划分表

轮灌分组	干管名称	支管名称	控制面积（亩）	流量（m^3/h）	放水口数（个）	放水口管径（mm）	放水口流量（m^3/h）	轮灌时间（d）
轮灌组 1	干管 1	支管 1	64	164.25	15	75	10.95	2
		支管 2	64	164.25	15	75	10.95	
轮灌组 2	干管 1	支管 3	64	164.25	15	75	10.95	2
		支管 4	64	164.25	15	75	10.95	
轮灌组 3	干管 2	支管 5	70	179.65	15	75	11.98	2
		支管 6	114	292.57	24	75	12.19	
合计			440					

5.4.3 管径确定

项目区管道采用 PE 管，具体管径按下式计算：

$$D = \sqrt{\frac{4Q}{\pi v}}$$

式中：D——管内径，m；

Q——管段设计流量，m^3/s；

v——管道经济流速，取 1.2 m/s。

根据计算结果，确定干管、支管的流量、管径（表 5.2）。

表 5.2　管径选择表

序号	管道名称	设计流量 (m^3/h)	管长 (m)	经济管径 (mm)	选择管径 (mm)	管内径 (mm)	平均流速 (m/s)
1	支管 1-0-1	164.25	130	220.08	250	230.8	1.09
2	支管 1-1-2	109.50	150	179.69	200	184.6	1.14
3	支管 1-2-3	54.75	160	127.06	140	129.2	1.16
4	支管 2-0-1	164.25	130	220.08	250	230.8	1.09
5	支管 2-1-2	109.50	150	179.69	200	184.6	1.14
6	支管 2-2-3	54.75	160	127.06	140	129.2	1.16
7	支管 3-0-1	164.25	130	220.08	250	230.8	1.09
8	支管 3-1-2	109.50	150	179.69	200	184.6	1.14
9	支管 3-2-3	54.75	160	127.06	140	129.2	1.16
10	支管 4-0-1	164.25	130	220.08	250	230.8	1.09
11	支管 4-1-2	109.50	150	179.69	200	184.6	1.14
12	支管 4-2-3	54.75	160	127.06	140	129.2	1.16
13	支管 5-0-1	179.65	130	230.16	250	230.8	1.19
14	支管 5-1-2	119.77	150	187.93	225	207.8	0.98
15	支管 5-2-3	59.88	160	132.89	160	147.6	0.97
16	支管 6-0-1	292.57	130	293.72	315	287.8	1.25
17	支管 6-1-2	222.91	120	256.38	280	258.6	1.18
18	支管 6-2-3	83.59	190	157.00	180	166.2	1.07
19	支管 6-2-4	83.59	190	157.00	180	166.2	1.07
20	分干 1-0-3	328.50	220	311.24	315	287.8	1.40
21	分干 1-3-4	164.25	100	220.08	250	230.8	1.09
22	分干管 2-0-5	472.22	90	373.16	400	369.4	1.22
23	分干管 2-5-6	292.57	130	293.72	315	287.8	1.25
24	干管	472.22	465	373.16	400	369.4	1.22

5.4.4　水力计算

1）管道沿程水头损失

$$h_f = f\frac{Q^m}{D^b}L$$

式中：h_f——沿程水头损失，m；

Q——管道的设计流量，m^3/h；

L——管长，m；

D——管内径，mm；

f——管材摩阻系数，取 0.948×10^5；

m——流量指数，取 1.77；

b——管径指数，取4.77。

2）低压管道多孔口出流时沿程水头损失

$$h'_f = Fh_f$$

$$F = \frac{N\left(\dfrac{1}{m+1} + \dfrac{1}{2N} + \dfrac{\sqrt{m-1}}{6N^2}\right) - 1 + X}{N - 1 + X}$$

式中：h'_f——多孔口沿程水头损失，m；

F——多口系数；

N——出流孔口数；

X——多孔管首孔位置系数，即多孔管入口至第一个出流孔管口的距离与各出流孔口间距之比。

局部水头损失：根据规范，局部水头损失可按沿程水头损失10%计。

水力计算如表5.3所示。

表5.3 水力计算表

序号	管道名称	设计流量 (m^3/h)	管长 (m)	管内径 (mm)	沿程水头损失 h_f(m)	局部水头损失 h_j(m)	总水头损失 h_w(m)
1	支管1	164.25	130	230.8	0.21	0.03	0.24
2		109.5	150	184.6	0.42	0.06	0.48
3		54.75	160	129.2	0.72	0.11	0.83
4	支管2	164.25	130	230.8	0.21	0.03	0.24
5		109.5	150	184.6	0.42	0.06	0.48
6		54.75	160	129.2	0.72	0.11	0.83
7	支管3	164.25	130	230.8	0.21	0.03	0.24
8		109.5	150	184.6	0.42	0.06	0.48
9		54.75	160	129.2	0.72	0.11	0.83
10	支管4	164.25	130	230.8	0.21	0.03	0.24
11		109.5	150	184.6	0.42	0.06	0.48
12		54.75	160	129.2	0.72	0.11	0.83
13	支管5	179.65	130	230.8	0.25	0.04	0.28
14		119.77	150	207.8	0.28	0.04	0.32
15		59.88	160	147.6	0.45	0.07	0.51
16	支管6	292.57	130	287.8	0.2	0.03	0.24
17		222.91	120	258.6	0.25	0.04	0.29
18		83.59	190	166.2	0.52	0.08	0.6
19		83.59	190	166.2	0.52	0.08	0.6

续表

序号	管道名称	设计流量 (m^3/h)	管长 (m)	管道内径 (mm)	沿程水头损失 h_f(m)	局部水头损失 h_j(m)	总水头损失 h_w(m)
20	分干管1	328.5	20	287.8	0.1	0.01	0.11
21		328.5	100	287.8	0.5	0.05	0.55
22		328.5	100	287.8	0.5	0.05	0.55
23		164.25	100	230.8	0.42	0.04	0.46
24	分干管2	472.22	90	369.4	0.26	0.03	0.29
25		292.57	130	287.8	0.53	0.05	0.59
26	干管	472.22	465	369.4	1.35	0.14	1.49
27	合计	支管1末端~水源处					4.72
28		支管2末端~水源处					4.25
29		支管3末端~水源处					3.70
30		支管4末端~水源处					3.15
31		支管5末端~水源处					2.89
32		支管6末端~水源处					3.48

根据上述计算结果，轮灌组1中支管1给水栓全部工作时沿程损失最大，因此将该条线路作为水力计算典型线路，$(\sum h_{f,0}+\sum h_{j,0})_{max}=4.72$ m

3）管道系统最大、最小工作水头

$$H_{max}=Z_2-Z_0+\Delta Z_2+\sum h_{f,2}+\sum h_{j,2}+h_0$$

$$H_{min}=Z_1-Z_0+\Delta Z_1+\sum h_{f,1}+\sum h_{j,1}+h_0$$

式中：H_{max}——管道系统最大工作水头，m；

H_{min}——管道系统最小工作水头，m；

Z_0——管道系统进口高程，取17.40 m；

Z_1、Z_2——参考点1、2的地面高程，选取距离水源泵站最近、最远的给水栓，取19.50 m；

ΔZ_1、ΔZ_2——参考点1与参考点2处给水栓出口中心线与地面的高差，m（给水栓出口中心线的高程为其控制的田间最高地面高程加0.20 m）；

$\sum h_{f,1}+\sum h_{j,1}$——管道系统进口至参考点1给水栓的管路水头损失，为4.72 m；

h_0——给水栓工作水头，取0.30 m。

经计算：$H_{max}=19.50-17.40+0.20+4.72+0.30=7.32$ m。

5.4.5　机泵选型

水泵设计扬程：

$$H_p=H_m+Z_0-Z_d+\sum h_{f,0}+\sum h_{j,0}$$

式中：H_p——灌溉系统水泵的设计扬程，m；

H_m——管道系统设计工作水头，经计算为7.32 m；

Z_0—— 管道系统进口高程，取 17.40 m；

Z_d—— 泵站前池水位或机井动水位，取 14.70 m；

$\sum h_{f,0}$—— 水泵吸水管进口至管道系统进口之间的管道沿程水头损失，经计算为 0.50 m；

$\sum h_{j,0}$—— 水泵吸水管进口至管道系统进口之间的管道局部水头损失，经计算为 0.62 m。

经计算：$H_p = 7.32 + 17.40 - 14.7 + 0.62 + 0.50 = 11.14$ m。

根据水泵设计流量 0.13 m^3/s、设计扬程 9.88 m 和最大扬程 11.14 m，选择 250S-14A 离心泵 1 台套，配套 Y200L-4 型电机，功率 30 kW，配一台 4.0 kW 水环式真空泵用于开机前抽出水泵进水管路中的空气。单泵设计扬程 13 m，设计流量 0.13 m^3/s，转速 1450 r/min。

5.5 附属设施

在主干管上安装电磁流量计，便于读数计量，并结合管道的闸阀井布置。

为监测管网工作状况，在管网首部安装压力表。为防止停机后管网水流回灌，引起水泵倒转，在水泵出口处安装逆止阀。为控制各支管的工作，支管首部设控制闸阀，各闸阀浇筑阀门井保护。各支管需砌筑镇墩，以防管线充水时发生位移。

项目区属于农户分散经营、用水无序的灌区，由于没有统一灌溉制度意识，农户会无序的开启关闭放水口，因此需要增加恒压变频系统，调节压力与流量，使得系统正常工作。

5.6 主要工程量

主要工程量如表 5.4 所示。

表 5.4　主要工程量表

序号	名称	规格	单位	数量
一	管道及配件工程			
1	PE63 管	DN400/0.4 MPa	m	555
2	PE63 管	DN315/0.4 MPa	m	480
3	PE63 管	DN280/0.4 MPa	m	120
4	PE63 管	DN250/0.4 MPa	m	750
5	PE63 管	DN225/0.4 MPa	m	150
6	PE63 管	DN200/0.4 MPa	m	600
7	PE63 管	DN180/0.4 MPa	m	380
8	PE63 管	DN160/0.4 MPa	m	160
9	PE63 管	DN140/0.4 MPa	m	640
10	PE63 管	DN75/0.4 MPa	m	86.4
11	管路配件			
二	泵站工程			
1	设备安装施工		套	1

5.7 工程效益

1）节水效益

宿城区田间综合灌水定额为550 m^3/亩，改造完成后，灌溉水有效利用系数由0.65提高到0.90，初步估算每亩节约248.3 m^3，按供水成本0.18元/m^3计，亩均节水效益为44.7元。

2）节地效益

由于输水管道埋于地下，占地面积大大减少，节省可耕土地。根据原农渠设计断面测算，实施低压管道项目占地比土渠可节省土地6.6亩。

3）省工效益

管道输水速度快，避免了跑水漏水现象，缩短了灌水周期，节省了巡渠和清淤维修用工。

4）增产效益

项目区内主要农作物为水稻、小麦、玉米和其他粮食作物、经济作物。现状灌溉面积采用实际调查成果，项目实施后比现状平均单位面积增产产量分别为：水稻50 kg/亩、小麦30 kg/亩，其他粮食作物20 kg/亩、经济作物20 kg/亩。

5.8 附图

详见附图五。

6 淮安市清江浦区某低压管道灌溉工程

【导语】

项目区属淮北平原高效节水灌溉示范园区，设计灌溉面积为800亩，主要采用低压管道灌溉技术为稻麦及经济作物灌溉，工程投资约232万元。该设计具有较好的典型示范作用。

6.1 基本概况

项目区位于淮安市清江浦区境内，属顺和洞灌区，灌溉水源为团结河，耕地面积800亩，田块较为规整，主要种植稻麦，有少量大棚经济作物。区内交通便利，电力供应有保障。

6.2 管道布置

项目区新建提水泵站一座，取团结河水进行灌溉。管道布置采用树状管网形式，从提水泵站引出干管，干管上按照田块设置支管入田，支管垂直于干管分布。本次低压管灌北区布置干管2根，支管21根。末级管道上按田块布置出水口，大棚种植区每两个大棚间设置一个。

6.3 设计参数

（1）灌溉设计保证率90%；

（2）灌溉水有效利用系数0.90。

6.4 工程设计

6.4.1 灌溉制度

灌溉系统设计流量：

$$Q_0 = \frac{\alpha m A}{T t \eta}$$

式中：Q_0——灌溉系统设计流量，m^3/h；

m——泡田定额，取100 m^3/亩；

A——设计灌溉面积，取 800 亩；

T——泡田期，取 6 d；

η——灌溉水有效利用系数；

t——系统日工作小时数，取 22 h。

本次设计主要作物 1 种，取 1.0，按照水稻泡田期用水，经计算：$Q_0 = 673.40\ m^3/h$。

6.4.2 灌溉工作制度

项目区采用干管续灌、支管轮灌的方式，分 3 个轮灌组进行灌溉（表 6.1）。

表 6.1 轮灌分组表

干管名称	支管名称	控制面积（亩）	流量（m^3/h）	放水口数量（个）	放水口（mm）	放水口流量（m^3/h）	轮灌时间（d）	备注
干管 1	西支管 1	41	103.54	15	50	6.90	2	轮灌组 1
	西支管 2	38	95.96	14	50	6.90		
	西支管 3	39	98.48	14	50	6.90		
	西支管 4	37	93.43	14	50	6.90		
	西支管 5	44	111.11	16	50	6.90		
	西支管 6	37	93.43	14	50	6.90		
	西支管 7	32	80.81	12	50	6.90		
	中支管 1	34	85.86	13	50	6.90	2	轮灌组 2
	中支管 2	37	93.43	14	50	6.90		
	中支管 3	39	98.48	14	50	6.90		
	中支管 4	35	88.38	13	50	6.90		
	中支管 5	44	111.11	16	50	6.90		
	中支管 6	39	98.48	14	50	6.90		
	中支管 7	36	90.91	14	50	6.90		
干管 2	东支管 1	36	90.91	13	50	6.90	2	轮灌组 3
	东支管 2	43	108.59	16	50	6.90		
	东支管 3	37	93.43	14	50	6.90		
	东支管 4	36	90.91	13	50	6.90		
	东支管 5	45	113.64	16	50	6.90		
	东支管 6	38	95.96	14	50	6.90		
	东支管 7	33	83.33	12	50	6.90		
合计		800		295				

注：① 大棚种植区域内每两个大棚间设置一个给水栓。② 轮灌组按管理方便及片区划分。

6.4.3 管网设计流量计算

1）灌溉系统设计流量

$Q_0 = 673.40\ m^3/h$。

2）管材及管径的确定

本次设计采用 UPVC 管，管径按下式进行计算：

$$D = \sqrt{\frac{4Q}{\pi v}}$$

式中：D——管内径，m；

Q——管段设计流量，m^3/s；

v——管道经济流速，取 1.0~1.5 m/s。

根据计算结果，确定干管、支管的流量、管径（表 6.2）。

表 6.2 管径选择表

序号	管道名称	设计流量（m^3/h）	管长（m）	经济管径（mm）	选择管径（mm）	壁厚（mm）	管内径（mm）	平均流速（m/s）
1	干管 1	685.08	1115	412	450	11	428	1.39
2	西支管 1	103.8	476	156	160	4	152	1.59
3	西支管 2	96.88	463	151	160	4	152	1.48
4	西支管 3	96.88	524	151	160	4	152	1.48
5	西支管 4	96.88	450	151	160	4	152	1.48
6	西支管 5	110.72	489	162	160	4	152	1.69
7	西支管 6	96.88	445	151	160	4	152	1.48
8	西支管 7	83.04	367	140	160	4	152	1.27
9	中支管 1	89.96	459	146	160	4	152	1.38
10	中支管 2	96.88	468	162	160	4	152	1.69
11	中支管 3	96.88	459	151	160	4	152	1.48
12	中支管 4	89.96	441	146	160	4	152	1.38
13	中支管 5	110.72	450	162	160	4	152	1.69
14	中支管 6	96.88	454	151	160	4	152	1.48
15	中支管 7	96.88	485	140	160	4	152	1.27
16	干管 2	678.16	1612	412	450	11	428	1.39
17	东支管 1	89.96	445	146	160	4	152	1.38
18	东支管 2	110.72	430	162	160	4	152	1.69
19	东支管 3	96.88	423	151	160	4	152	1.48
20	东支管 4	89.96	436	146	160	4	152	1.38
21	东支管 5	110.72	433	162	160	4	152	1.69
22	东支管 6	96.88	433	151	160	4	152	1.48
23	东支管 7	83.04	400	140	160	4	152	1.27

6.4.4　水力计算

1）管道沿程水头损失

$$h_f = f\frac{Q^m}{D^b}L$$

式中：h_f——沿程水头损失，m；

Q——管道的设计流量，m^3/h；

L——管长，m；

D——管内径，mm；

f——管材摩阻系数，取 0.948×10^5；

m——流量指数，取 1.77；

b——管径指数，取 4.77。

2）多孔口出流的管道沿程水头损失

$$h_f' = Fh_f$$

$$F = \frac{N\left(\frac{1}{m+1}+\frac{1}{2N}+\frac{\sqrt{m-1}}{6N^2}\right)-1+X}{N-1+X}$$

式中：h_f'——多孔口沿程水头损失，m；

F——多口系数；

N——出流孔口数；

X——多孔管首孔位置系数，即多孔管入口至第一个出流孔管口的距离与各出流孔口间距之比。

管道局部水头损失：按管道沿程水头损失 15% 计。

3）末端出水口压力

末端所需压力为出水口工作水头及水头损失和竖管高度之和，经计算末端出水口压力为 1.4 m。

水力计算如表 6.3 所示。

表 6.3　水力计算表

序号	管道名称	设计流量(m^3/h)	管长(m)	管内径(mm)	沿程水头损失 h_f(m)	局部水头损失 h_j(m)	总水头损失 h_w(m)
1	干管 1	720	1115	428	3.39	0.51	3.89
2	西支管 1	103.8	476	152	2.45	0.98	3.43
3	西支管 2	96.88	463	152	2.11	0.84	2.96
4	西支管 3	96.88	524	152	2.39	0.96	3.35
5	西支管 4	96.88	450	152	2.05	0.82	2.87
6	西支管 5	110.72	489	152	2.81	1.13	3.94
7	西支管 6	96.88	445	152	2.03	0.81	2.84

续表

序号	管道名称	设计流量（m^3/h）	管长（m）	管内径（mm）	沿程水头损失 h_f(m)	局部水头损失 h_j(m)	总水头损失 h_w(m)
8	西支管7	83.04	367	152	1.28	0.51	1.79
9	中支管1	89.96	459	152	1.84	0.73	2.58
10	中支管2	110.72	468	152	2.69	1.08	3.77
11	中支管3	96.88	459	152	2.09	0.84	2.93
12	中支管4	89.96	441	152	1.77	0.71	2.48
13	中支管5	110.72	450	152	2.59	1.04	3.63
14	中支管6	96.88	454	152	2.07	0.83	2.90
15	中支管7	83.04	485	152	1.70	0.67	2.37
16	干管2	720	1612	428	4.89	0.73	5.63
17	东支管1	89.96	445	152	1.79	0.71	2.50
18	东支管2	110.72	430	152	2.47	0.99	3.47
19	东支管3	96.88	423	152	1.93	0.77	2.70
20	东支管4	89.96	436	152	1.75	0.70	2.45
21	东支管5	110.72	433	152	2.49	1.00	3.49
22	东支管6	96.88	433	152	1.98	0.79	2.77
23	东支管7	83.04	400	152	1.40	0.56	1.95

4）设计水头

设计水头考虑系统最大工作水头，水源至东支管5末端水头损失最大，管道系统最大工作水头下式计算：

$$H_{max} = \sum h_{f,0} + \sum h_{j,0} + h_0$$

式中：H_{max}——管道系统最大工作水头，m；

$\sum h_{f,0}$——管道系统进口至参考点给水栓的管路沿程水头损失，m；

$\sum h_{j,0}$——管道系统进口至参考点给水栓的管路局部水头损失，m；

h_0——给水栓工作水头，m。

经计算：H_{max} = 9.83 m。

6.4.5 机泵选型

1）水泵设计扬程

$$H_p = H_m + Z_0 - Z_d + \sum h_{f,0} + \sum h_{j,0}$$

式中：H_p——灌溉系统水泵的设计扬程，m；

H_m——管道系统设计工作水头，m；

Z_0——管道系统进口高程,取 7.5 m;

Z_d——泵站前池水位或机井动水位,取 5.0 m;

$\sum h_{f,0}$ ——水泵吸水管进口至管道系统进口之间的管道沿程水头损失,m;

$\sum h_{j,0}$ ——水泵吸水管进口至管道系统进口之间的管道局部水头损失,m。

水泵管路吸水管、出水管路及首部水头损失 3.08 m,经计算:H_p =15.41 m。

2)水泵选型与配套动力

根据设计流量 673.4 m^3/h 和设计扬程 15.41 m,选择 SLW300-235 型单级单吸立式离心泵 1 台,配套电机功率 55 kW。离心泵的流量为 720 m^3/h,扬程 18 m,转速 1480 r/min。为方便启动,配套型号为 SZ-1 抽真空泵 1 台,配套动力 4 kW。

6.5 附属设施

1)给水装置

本次设计选用 DN50PVC 一体式给水栓,手动外压止水,为出水水流对田块的冲刷,给水栓下设 0.3 m×0.3 m×0.4 m 消力池。末级支管设置高出地面 30 cm 的竖管。

2)安全保护装置

项目片区干管 1 和 2 的管径分别设置进排气阀。在水源泵站内部设置逆止阀。

3)量水设备和恒压变频装置

为实现计划用水,按量计征水费,在水源泵站内部设置电磁流量计,主要用来测量管道水流总量和单位时间内通过的水量。同时为保证供水管网压力和流量稳定,水泵电机采用变频调速控制。

6.6 主要工程量

主要工程量如表 6.4 所示。

表 6.4 主要工程量表

序号	名称	规格	单位	数量
一	管道及配件工程			
1	PVC-U 管	DN450/0.63 MPa	m	2727
2	PVC-U 管	DN160/0.63 MPa	m	11042
3	PVC-U 管	DN50/0.63 MPa	m	493
4	给水栓	DN50	套	493
5	管件	DN450-75	个	58
二	泵站工程		座	1
1	主机泵等泵房内设备及安装		套	1

6.7 工程效益

1）节水效益

工程实施后灌溉水有效利用系数可达0.90。项目区明渠灌溉时候用水期间，每户需缴纳50元/亩的费用，实施低压管道灌溉后，每户亩均费用在30元左右。

2）节地效益

项目区共可增加耕地面积16亩，提高了土地利用率。

3）省工效益

按照每亩省工3个工日计，每年省工约2400个工日。

4）增产效益

工程建成后，灌溉保证率达到90%，平均每亩增产100 kg，平均增产80 t。

6.8 附图

详见附图六。

7　新沂市某低压管道灌溉工程

【导语】

项目区设计灌溉面积为550亩，区内土地很不平整，采用传统灌溉方式，渠道沿线挖填土方量很大，采用低压管道灌溉方式可弥补传统灌溉方式渠道填挖土方量大的缺点并节省土地。本设计采用干管续灌、支管轮灌的灌溉方式。工程投资约76万元，整体设计科学合理。该设计方案在土地平整度差和低矮丘陵山区水稻灌溉中，具有较好的示范作用。

7.1　基本概况

项目区位于新沂市，地块面积550亩，灌溉水源为沂北干渠。由于地理条件及灌水限制，现状以种植小麦、玉米、花生、果蔬等作物为主。项目实施后，鼓励该片区域种植水稻。

7.2　管道布置

泵站从沂北干渠引水，经干管沿排水沟北侧往西，通过两个阀门分别连接分干管和过沟钢管，连接南北向支管5和支管4；过沟钢管连接北灌区的南片支管3和支管2；支管1接在干管上。

7.3　设计参数

（1）灌溉设计保证率90%；

（2）灌溉水有效利用系数0.90。

7.4　工程设计

7.4.1　灌溉制度

灌溉系统设计流量：

$$Q_0 = \sum_{1}^{e} \left(\frac{\alpha_i m_i}{T_i} \right) \frac{A}{t\eta}$$

式中：Q_0——灌溉系统设计流量，m^3/h；

α_i——灌水高峰期第 i 种作物的种植比例；

m_i——灌水高峰期第 i 种作物的灌水定额，取 100 m^3/亩；

A——设计灌溉面积，取 550 亩；

T——灌水高峰期第 i 种作物的一次灌水延续时间，取 6 d；

η——灌溉水有效利用系数；

t——系统日工作小时数，取 20 h；

e——灌水高峰期同时灌水的作物种类。

本次设计种植作物 1 种，取 1.0，经计算，$Q_0 = 509.26$ m^3/h。

7.4.2 灌溉工作制度

根据现有田块及布置的支管，采用轮灌的方式进行灌溉，划分为 3 个轮灌组(表 7.1)。

表 7.1 轮灌组划分表

支管名称	控制面积(亩)	流量(m^3/h)	放水口数(个)	放水口管径(mm)	放水口流量(m^3/h)	轮灌时间(d)	备注
支管 1	100	254.63	20	90	14.55	2	轮灌组 1
支管 5	100	254.63	20	90	14.55		
支管 2	65	189.15	13	90	14.55	2	轮灌组 2
支管 3	110	320.11	22	90	14.55		
支管 4	175	509.26	35	90	14.55	2	轮灌组 3
合计	550						

7.4.3 管网设计流量

管网各级管道设计流量：

$$Q = \frac{nQ_0}{N}$$

式中：Q——某级管道的设计流量，m^3/h；

n——该管道控制范围内同时开启的给水栓个数；

N——全系统同时开启的给水栓个数。

7.4.4 管径确定

1）管材选择

本着经济合理、供水安全可靠、便于施工等原则，综合技术定性比较，本设计采用 PVC-U 管。

2）管径确定

$$D = \sqrt{\frac{4Q}{\pi v}}$$

式中：D——管内径，m；

Q——管段设计流量，m^3/s；

v——管道经济流速,取 1.0 m/s。

根据计算结果,确定干管、支管的流量、管径(表 7.2)。

表 7.2 管径选择表

序号	管道名称	设计流量(m^3/h)	管长(m)	计算管径(mm)	选择管径(mm)	管内径(mm)	平均流速(m/s)
1	干管	509.26	391	425	450	428.0	0.98
2	分干管	509.26	208	425	450	428.0	0.98
3	支管 1	254.63	353	300	315	299.6	1.00
4	支管 2	189.15	232	259	280	258.6	1.00
5	支管 3	320.11	328	337	355	337.6	0.99
6	支管 4	509.26	323	425	450	428.0	0.98
7	支管 5	254.63	323	300	315	299.6	1.00

7.4.5 水力计算

1)水头损失

管道沿程水头损失:

$$h_f = f\frac{Q^m}{D^b}L$$

式中:h_f——沿程水头损失,m;

Q——管道的设计流量,m^3/h;

L——管长,m;

D——管内径,mm;

f——管材摩阻系数;

m——流量指数;

b——管径指数。

对于 PVC-U 管 f、m、b 分别取 0.948×10^5、1.77、4.77。

支管一般为等距等流量孔口出流,沿程水头损失按下式计算:

$$h'_f = Fh_f$$

$$F = \frac{N\left(\frac{1}{m+1} + \frac{1}{2N} + \frac{\sqrt{m-1}}{6N^2}\right) - 1 + X}{N - 1 + X}$$

式中:h'_f——多孔口沿程水头损失,m;

F——多口系数;

N——出流孔口数;

X——多孔管首孔位置系数,即多孔管入口至第一个出流孔管口的距离与各出流孔口间距之比,取 0.5。

管道局部水头损失:根据规范,干管局部水头损失按沿程水头损失 10% 计,支管局部水头损失按沿程水头损失 15% 计。

水力计算见表 7.3 所示。

表 7.3 水力计算表

序号	管道名称	设计流量 (m^3/h)	管长 (m)	管内径 (mm)	沿程水头损失 h_f(m)	局部水头损失 h_j(m)	总水头损失 h_w(m)
1	干管	509.26	391	428.0	0.64	0.06	0.70
2	分干管	509.26	208	428.0	0.34	0.03	0.37
3	过沟钢管	509.26	10	428.0	0.02	0.00	0.02
4	支管 1	254.63	353	299.6	0.34	0.05	0.39
5	支管 2	189.15	232	258.6	0.28	0.04	0.32
6	支管 3	320.11	328	337.6	0.29	0.04	0.33
7	支管 4	509.26	323	428.0	0.20	0.03	0.23
8	支管 5	254.63	323	299.6	0.31	0.05	0.36

2）管道系统工作水头

$$H_{max} = Z_2 - Z_0 + \Delta Z_2 + \sum h_{f,2} + \sum h_{j,2} + h_o$$

式中：H_{max}—— 管道系统最大工作水头，m；

Z_0—— 管道系统进口高程，m，取 21.10 m；

Z_1—— 参考点 1 的地面高程，m，该灌区指距离水源最近的给水栓，取 21.80 m；

Z_2—— 参考点 2 的地面高程，m，该灌区指距离水源最远的给水栓，取 21.80 m；

ΔZ_1、ΔZ_2—— 参考点 1 与参考点 2 处给水栓出口中心线与地面的高差，m（给水栓出口中心线的高程应为其控制的田间最高地面高程加 0.15 m）；

$\sum h_{f,1}$、$\sum h_{j,1}$—— 管道系统进口至参考点 1 的管路沿程水头损失和局部水头损失，m；

$\sum h_{f,2}$、$\sum h_{j,2}$—— 管道系统进口至参考点 2 的管路沿程水头损失和局部水头损失，m；

h_0—— 给水栓工作水头，取 0.50 m。

本次设计选取管 1 最东侧给水栓作为参考点 1，选取离水源最远的支管 5 最北端给水栓作为参考点 2，经计算：

$\sum h_{f,2} + \sum h_{j,2} = h_{干} + h_{分} + h_{支5} = 0.70 + 0.37 + 0.36 = 1.43$ m，$H_{max} = 2.78$ m。

设计工作水头：$H_m = H_{max} = 2.78$ m

7.4.6 机泵选型

水泵设计扬程：

$$H_p = H_m + Z_0 - Z_d + \sum h_{f,0} + \sum h_{j,0}$$

式中：H_p—— 灌溉系统水泵的设计扬程，m；

H_m—— 管道系统设计工作水头，m；

Z_0—— 管道系统进口高程,取 21.10 m;

Z_d—— 泵站前池水位或机井动水位,取 15.50 m;

$\sum h_{f,0}$—— 水泵吸水管进口至管道系统进口之间的管道沿程水头损失,m;

$\sum h_{j,0}$—— 水泵吸水管进口至管道系统进口之间的管道局部水头损失,m。

水泵吸水管进口至管道系统进口之间水头损失按净扬程 25% 估算,则水泵设计扬程为:$H_P = (2.78 + 21.10 - 15.50) \times 1.25 = 10.48$ m。

根据水泵设计扬程 10.48 m 及设计流量 509.26 m^3/h,选择 KQL250/235S—30/4 离心泵 1 台,配套电机功率 37 kW。该离心泵设计流量为 540 m^3/h,设计扬程 15.3 m。

7.5 附属设施

1）给水装置

根据需要选用厂家定型产品,结合当地使用实际情况,采用 DN90 给水栓。根据本田块中管道的布置,给水栓为单向灌,每个给水栓控制面积约 5 亩。

2）安全保护装置

低压管灌系统的安全保护装置主要有进排气阀、安全阀、多功能保护装置、调压装置、逆止阀、泄水阀等。水源泵站内部设置逆止阀。

3）量水设备和恒压变频装置

水源泵站内部设置电磁流量计,主要用来测量管道水流总量和单位时间内通过的水量。同时为保证供水管网压力和流量稳定,水泵电机采用变频调速控制。

7.6 主要工程量

主要工程量如表 7.4 所示。

表 7.4　主要工程量表

序号	名称	规格	单位	数量
一	管道及配件工程			
1	UPVC 管	DN450/0.63 MPa	m	922
2	UPVC 管	DN 355/0.63 MPa	m	328
3	UPVC 管	DN 315/0.63 MPa	m	676
4	UPVC 管	DN 280/0.63 MPa	m	232
5	过沟钢管	DN 450/10 m	座	1
6	给水栓	DN90	个	110
7	闸阀井		座	8
二	泵站工程			
1	泵站	KQL250/235S-30/4	台套	1

7.7 工程效益

1）节水效益

项目区灌溉水有效利用系数可达到0.90，相对传统灌溉可年节水2.7万 m^3。

2）节地效益

将项目区现有各级渠道回填后，项目区共可增加耕地面积10亩，提高了土地利用率。

3）省工效益

项目区地面高差起伏较大，如用明渠进行灌溉，挖填土方量较大，且灌溉各节点控制难度大。管道灌溉可节约劳动力。

7.8 附图

详见附图七。

8　涟水县某低压管道灌溉工程

【导语】

项目区位于涟西灌区尾部，设计灌溉面积为 1450 亩，地势高亢，因此采用低压管道灌溉技术，工程总投资约 435 万元。该设计对面积较大的、水稻低压管道灌溉工程设计提供新的思维方式，具有较好的典型示范作用。

8.1　基本概况

项目区位于淮安市涟水县灰墩村，涟西灌区一干十一支渠的尾部，总面积 1450 亩，隶属于村内各家各户，田块呈现比较细碎。土质以砂土为主，主要种植稻麦两季。项目区交通便利，电力供应有保障。

8.2　管道布置

项目区以中心路为界，划分为南北两个独立片区，以紧靠项目区西侧十一支四斗沟为水源，经干管从新建提水泵站引出，分干管上按照 80 ~ 100 m 的间距设置支管入田。管道系统采用树状管网形式，支管垂直于分干管分布。

低压管灌北区布置干管 1 根，分干管 2 根，分干管设置支管数分别为 6 条和 11 条；南区布置干管 1 根，分干管 2 根，分干管设置支管数分别为 12 条和 5 条。末级管道上按田块布置出水口，出水口间距 20 ~ 40 m，南、北片区设置出水口分别为 278 个、264 个。

8.3　设计参数

(1) 灌溉设计保证率 90%；

(2) 灌溉水有效利用系数 0.90。

8.4　工程设计

8.4.1　灌溉制度

灌水率确定：

$$q_s = \sum_{1}^{e}\left(\frac{\alpha_i m_i}{T_i}\right)\frac{A}{t}$$

式中：q_s——灌水率，$m^3/(s\cdot万亩)$；

α_i——灌水高峰期第 i 种作物的种植比例，取 1.0；

m_i——灌水高峰期第 i 种作物的灌水定额，取 100 m^3/亩；

A——设计灌溉面积，亩；

T_i——灌水高峰期第 i 种作物的一次灌水延续时间，取 6 d；

t——系统日工作小时数，取 22 h。

项目区按照水稻泡田期种植计算用水，经计算：$q_s=2.11\ m^3/(s\cdot万亩)$。

8.4.2 灌溉工作制度

项目区南、北片均采用干管续灌（南北片面积分别为 703 亩、747 亩），支管轮灌，南北片各分为 3 个轮灌组进行灌溉，每个轮灌组灌溉时间为 2 d（表 8.1）。

表 8.1 轮灌分组表

<table>
<tr><th colspan="2">干管名称</th><th>支管
名称</th><th>控制面积
（亩）</th><th>流量
（m³/h）</th><th>放水口
数量（个）</th><th>轮灌时间
（d）</th><th>备注</th></tr>
<tr><td rowspan="18">北
片
区</td><td rowspan="6">干管 1、分干管 1</td><td>支管 1-1</td><td>43</td><td>108.59</td><td>16</td><td rowspan="6">2</td><td rowspan="6">轮灌组 1</td></tr>
<tr><td>支管 1-2</td><td>20</td><td>50.51</td><td>8</td></tr>
<tr><td>支管 1-3</td><td>45</td><td>113.64</td><td>17</td></tr>
<tr><td>支管 1-4</td><td>43</td><td>108.59</td><td>16</td></tr>
<tr><td>支管 1-5</td><td>52</td><td>131.31</td><td>19</td></tr>
<tr><td>支管 1-6</td><td>26</td><td>65.66</td><td>10</td></tr>
<tr><td rowspan="5">干管 1、分干管 2</td><td>支管 2-1</td><td>38</td><td>95.96</td><td>14</td><td rowspan="5">2</td><td rowspan="5">轮灌组 2</td></tr>
<tr><td>支管 2-2</td><td>75</td><td>189.39</td><td>28</td></tr>
<tr><td>支管 2-3</td><td>38</td><td>95.96</td><td>14</td></tr>
<tr><td>支管 2-4</td><td>71</td><td>179.29</td><td>26</td></tr>
<tr><td>支管 2-5</td><td>48</td><td>121.21</td><td>18</td></tr>
<tr><td rowspan="6">干管 1、分干管 2</td><td>支管 2-6</td><td>49</td><td>123.74</td><td>18</td><td rowspan="6">2</td><td rowspan="6">轮灌组 3</td></tr>
<tr><td>支管 2-7</td><td>20</td><td>50.51</td><td>8</td></tr>
<tr><td>支管 2-8</td><td>41</td><td>103.54</td><td>15</td></tr>
<tr><td>支管 2-9</td><td>52</td><td>131.31</td><td>19</td></tr>
<tr><td>支管 2-10</td><td>43</td><td>108.59</td><td>16</td></tr>
<tr><td>支管 2-11</td><td>43</td><td>108.59</td><td>16</td></tr>
<tr><td colspan="2">合计</td><td>747</td><td></td><td>278</td><td></td><td></td></tr>
</table>

续表

干管名称		支管名称	控制面积（亩）	流量（m^3/h）	放水口数量（个）	轮灌时间（d）	备注
南片区	干管2、分干管3	支管3-1	26	65.66	10	2	轮灌组1
		支管3-2	48	121.21	18		
		支管3-3	26	65.66	10		
		支管3-4	39	98.48	15		
		支管3-5	38	95.96	14		
		支管3-6	58	146.46	22		
	干管2、分干管3	支管3-7	47	118.69	18	2	轮灌组2
		支管3-8	24	60.61	9		
		支管3-9	56	141.41	21		
		支管3-10	43	108.59	16		
		支管3-11	33	83.33	12		
		支管3-12	30	75.76	11		
	干管2、分干管3	支管4-1	40	101.01	15	2	轮灌组3
		支管4-2	43	108.59	16		
		支管4-3	44	111.11	17		
		支管4-4	67	169.19	25		
		支管4-5	41	103.54	15		
	合计		703		264		
总　计			1450		542		

8.4.3　管网设计流量计算

1）系统设计流量

$$Q_0 = \frac{\alpha_i m_i A}{Tt\eta}$$

式中：Q_0——灌溉系统设计流量，m^3/h；

α_i——灌水高峰期第 i 种作物的种植比例；

m_i——灌水高峰期第 i 种作物的灌水定额，m^3/亩；

A——设计灌溉面积，亩；

T——灌水高峰期第 i 种作物的一次灌水延续时间，d；

η——灌溉水有效利用系数；

t——系统日工作小时数，h。

取面积略大的北片区计算得：$Q_0 = \frac{1 \times 100 \times 747}{6 \times 22 \times 0.9} = 628.8\ m^3/h$。

2）管径确定

$$D = \sqrt{\frac{4Q}{\pi v}}$$

式中：D——管内径，m；

Q——管段设计流量，m^3/s；

v——管道经济流速，m/s，可取 1.0～1.5 m/s。

3）孔口计算

孔口出流公式：

$$q = \mu A\sqrt{2gH}$$

式中：q——孔口出流流量，m^3/s；

μ——流量系数，取 0.7；

A——孔口断面面积，m^2；

H——孔口工作水头，m。

孔口由支管经竖管引出田面，给水栓高出地面 0.3 m，管道埋深 0.7 m，出水口工作水头 0.1 m。竖管采用 DN50PVC-U 塑料管。经计算：$q = 6.92\ m^3/h$。

根据计算结果，确定干管、支管的流量、管径（表 8.2）。

表 8.2　管径选择表

序号		管道名称	设计流量 (m^3/h)	管长 (m)	经济管径 (mm)	选择管径 (mm)	管内径 (mm)	平均流速 (m/s)
北片区	1	干管 1	681.82	37	412	450	428.0	1.39
	2	分干管 1	681.82	674	412	450	428.0	1.39
	3	支管 1-1	110.72	263	162	200	190.2	1.08
	4	支管 1-2	55.36	254	114	160	152.0	0.85
	5	支管 1-3	117.64	208	167	200	190.2	1.15
	6	支管 1-4	110.72	212	162	200	190.2	1.08
	7	支管 1-5	131.48	209	176	200	190.2	1.29
	8	支管 1-6	69.20	209	128	160	152.0	1.06
	9	分干管 2	681.82	1405	412	450	428.0	1.39
	10	支管 2-1	96.88	292	151	160	152.0	1.48
	11	支管 2-2	193.76	315	214	200	190.2	1.89
	12	支管 2-3	96.88	312	151	200	190.2	0.95
	13	支管 2-4	179.92	212	206	200	190.2	1.76
	14	支管 2-5	124.56	378	171	200	190.2	1.22
	15	支管 2-6	124.56	310	171	200	190.2	1.22
	16	支管 2-7	55.36	199	114	160	152.0	0.85
	17	支管 2-8	103.80	443	156	200	190.2	1.01
	18	支管 2-9	131.48	200	176	200	190.2	1.29
	19	支管 2-10	110.72	183	162	200	190.2	1.08
	20	支管 2-11	110.72	414	162	200	190.2	1.08

续表

序号		管道名称	设计流量 (m^3/h)	管长 (m)	经济管径 (mm)	选择管径 (mm)	管内径 (mm)	平均流速 (m/s)
南片区	1	干管 2	615.88	17	412	450	428.0	1.39
	2	分干管 3	615.88	1434	412	450	428.0	1.39
	3	支管 3-1	69.20	163	128	160	152.0	1.06
	4	支管 3-2	124.56	164	171	200	190.2	1.22
	5	支管 3-3	69.20	164	128	160	152.0	1.06
	6	支管 3-4	103.80	162	156	200	190.2	1.01
	7	支管 3-5	96.88	131	151	200	190.2	0.95
	8	支管 3-6	152.24	135	189	200	190.2	1.49
	9	支管 3-7	124.56	169	171	200	190.2	1.22
	10	支管 3-8	62.28	215	121	160	152.0	0.95
	11	支管 3-9	145.32	165	185	200	190.2	1.42
	12	支管 3-10	110.72	271	162	200	190.2	1.08
	13	支管 3-11	83.04	179	140	160	152.0	1.27
	14	支管 3-12	76.12	128	134	160	152.0	1.17
	15	分干管 4	615.88	570	412	450	428.0	1.39
	16	支管 4-1	103.80	367	156	200	190.2	1.01
	17	支管 4-2	110.72	207	162	200	190.2	1.08
	18	支管 4-3	117.64	207	167	200	190.2	1.15
	19	支管 4-4	173.00	356	202	200	190.2	1.69
	20	支管 4-5	103.80	424	156	200	190.2	1.01

8.4.4 水力计算

1）管道沿程水头损失

$$h_f = Ff\frac{Q^m}{D^b}L$$

式中：h_f——沿程水头损失，m；

Q——管道的设计流量，m^3/h；

L——管长，m；

D——管内径，mm；

F——多口系数；

f——管材摩阻系数，取 0.948×10^5；

m——流量指数，取 1.77；

b——管径指数，取 4.77。

多口系数计算公式如下：

$$F=\frac{N\left(\frac{1}{m+1}+\frac{1}{2N}+\frac{\sqrt{m-1}}{6N^2}\right)-1+X}{N-1+X}$$

式中：N——出流孔口数；

X——多孔管首孔位置系数，即多孔管入口至第一个出流孔管口的距离与各出流孔口间距之比；

F——多口系数。

2）管道局部水头损失

管道局部水头损失按管道沿程水头损失 15% 计。

3）末端出水口压力

末端所需压力为出水口工作水头、水头损失和竖管高度之和，经计算末端出水口压力为 1.4 m。

水头计算见表 8.3。

表 8.3　水力计算表

序号		管道名称	设计流量（m^3/h）	管长（m）	管内径（mm）	沿程水头损失 h_f（m）	局部水头损失 h_j（m）	总水头损失 h_w（m）
北片区	1	干管 1	720	37	428	0.11	0.02	0.13
	2	分干管 1	720	674	428	2.05	0.31	2.35
	3	支管 1-1	110.72	263	190.2	0.52	0.21	0.73
	4	支管 1-2	55.36	254	152	0.44	0.17	0.62
	5	支管 1-3	117.64	208	190.2	0.46	0.18	0.64
	6	支管 1-4	110.72	212	190.2	0.42	0.17	0.59
	7	支管 1-5	131.48	209	190.2	0.56	0.22	0.78
	8	支管 1-6	69.2	209	152	0.53	0.21	0.74
	9	分干管 2	720	1405	428	4.27	0.64	4.91
	10	支管 2-1	96.88	292	152	1.33	0.53	1.87
	11	支管 2-2	193.76	315	190.2	1.65	0.67	2.32
	12	支管 2-3	96.88	312	190.2	0.49	0.20	0.68
	13	支管 2-4	179.92	212	190.2	0.98	0.40	1.37
	14	支管 2-5	124.56	378	190.2	0.92	0.37	1.28
	15	支管 2-6	124.56	310	190.2	0.75	0.30	1.05
	16	支管 2-7	55.36	199	152	0.35	0.13	0.48
	17	支管 2-8	103.8	443	190.2	0.78	0.31	1.10
	18	支管 2-9	131.48	200	190.2	0.53	0.22	0.75
	19	支管 2-10	110.72	183	190.2	0.36	0.15	0.51
	20	支管 2-11	110.72	414	190.2	0.82	0.33	1.15

续表

序号		管道名称	设计流量 (m^3/h)	管长 (m)	管内径 (mm)	沿程水头损失 h_f(m)	局部水头损失 h_j(m)	总水头损失 h_w(m)
南片区	1	干管 2	720	37	428	0.11	0.02	0.13
	2	分干管 3	720	1434	428	4.35	0.65	5.01
	3	支管 3-1	69.2	163	152	0.42	0.16	0.58
	4	支管 3-2	124.56	164	190.2	0.40	0.16	0.56
	5	支管 3-3	69.2	164	152	0.42	0.16	0.58
	6	支管 3-4	103.8	162	190.2	0.29	0.11	0.40
	7	支管 3-5	96.88	131	190.2	0.21	0.08	0.29
	8	支管 3-6	152.24	135	190.2	0.46	0.19	0.65
	9	支管 3-7	124.56	169	190.2	0.41	0.17	0.57
	10	支管 3-8	62.28	215	152	0.46	0.18	0.64
	11	支管 3-9	145.32	165	190.2	0.52	0.21	0.73
	12	支管 3-10	110.72	271	190.2	0.53	0.21	0.75
	13	支管 3-11	83.04	179	152	0.63	0.25	0.87
	14	支管 3-12	76.12	128	152	0.39	0.15	0.54
	15	分干管 4	720	570	428	1.73	0.26	1.99
	16	支管 4-1	103.8	367	190.2	0.65	0.26	0.91
	17	支管 4-2	110.72	207	190.2	0.41	0.16	0.57
	18	支管 4-3	117.64	207	190.2	0.45	0.18	0.64
	19	支管 4-4	173	356	190.2	1.53	0.62	2.15
	20	支管 4-5	103.8	424	190.2	0.75	0.30	1.05

4）设计水头

设计水头考虑系统最大工作水头，水源至支管 2-11 末端水头损失最大，管道系统最大工作水头按下式计算：

$$H_{max} = \sum h_{f,0} + \sum h_{j,0} + h_0$$

式中：H_{max}——管道系统最大工作水头，m；

$\sum h_{f,0}$——管道系统进口至参考点给水栓的管路沿程水头损失，m；

$\sum h_{j,0}$——管道系统进口至参考点给水栓的管路局部水头损失，m；

h_0——给水栓工作水头，m。

经计算：H_{max} =7.59 m。

8.4.5 机泵选型

1）水泵流量、扬程

水泵流量为管道系统流量 627.1 m^3/h。

水泵设计扬程:

$$H_p = H_m + Z_0 - Z_d + \sum h_{f,0} + \sum h_{j,0}$$

式中:H_p——灌溉系统水泵的设计扬程,m;

H_m——管道系统设计工作水头,m;

Z_0——管道系统进口高程,取5.2 m;

Z_d——泵站前池水位或机井动水位,取2.5 m;

$\sum h_{f,0}$——水泵吸水管进口至管道系统进口之间的管道沿程水头损失,m;

$\sum h_{j,0}$——水泵吸水管进口至管道系统进口之间的管道局部水头损失,m。

水泵管路吸水管、出水管路及首部水头损失2.08 m。经计算:H_p=12.37 m。

2)水泵选型与配套动力

根据设计流量628.8 m^3/h和设计扬程12.37 m,选择SLW300-235型单级单吸立式离心泵1台,配套电机功率55 kW。该离心泵设计流量720 m^3/h,设计扬程18 m,转速1480 r/min。为方便启动,配套型号为SZ-1抽真空泵1台,配套动力4 kW。

8.5 附属设施

1)放水口

本次设计选用DN50PVC一体式给水栓,手动外压止水,给水栓下设0.3 m×0.3 m×0.4 m消力池,末级支管设置高出地面30 cm的竖管。

2)给水装置

项目片区干管1和2分别设置进排气阀,在水源泵站内部设置逆止阀。

3)量水设备和恒压变频装置

为实现计划用水,按量计征水费,在水源泵站内部设置电磁流量计,主要用来测量管道水流总量和单位时间内通过的水量。同时为保证供水管网压力和流量稳定,水泵电机采用变频调速控制。

8.6 主要工程量

主要工程量如表8.4所示。

表8.4 主要工程量表

序号	名称	规格	单位	数量
一	管道及配件工程			
1	PVC-U管	DN450/0.63 MPa	m	4137
2	PVC-U管	DN200/0.63 MPa	m	6417
3	PVC-U管	DN160/0.63 MPa	m	1803
4	PVC-U管	DN50/0.63 MPa	m	542

续表

序号	名称	规格	单位	数量
5	管道配件	DN50	套	620
二	泵站工程			
1	泵站	SLW300-235	台套	1

8.7 工程效益

1）节水效益

项目区灌溉水有效利用系数可达到0.90，亩均灌水量550 m^3，相对传统灌溉可节水100 m^3/亩，项目片区年均节水量18万 m^3。

2）节地效益

管道灌溉管道埋设于地下，只在出水口处立竖管于地上，以及阀门井等占用部分土地，基本不占用耕地，项目区共可增加耕地面积30亩以上。

3）省工效益

管道灌溉与传统渠道灌溉相比，土渠或者防渗渠道的疏浚、清理、维护需要投入大量的劳动力，而管道灌溉不存在这些情况，管道灌溉可节约大量的劳动力。

4）增产效益

灌水及时，改善了田间灌水条件，缩短了引水灌溉周期，从而有效地满足了作物生长的需水，粮食亩均增产100 kg左右。

8.8 附图

详见附图八。

9 扬中市某低压管道灌溉工程

【导语】

项目区设计灌溉面积280亩,主要种植作物为水稻,灌溉方式拟采用低压管灌,因地形狭长,为减少重复铺设管道,灌溉采用续灌方式,工程投资约31.5万元。该项目对小面积地势狭长的水稻种植区具有较好的示范效果。

9.1 基本概况

项目区位于扬中市,设计灌溉面积为280亩,灌溉水源为新农港,水源水量充沛,可充分满足灌溉用水需要。区内田块较规整,地势平坦,土质以粉质黏土为主。交通便利,电力供应有充足保障。

9.2 管道布置

从泵站出水管沿田间布置干管1条,规划区按标准田块20 m宽(包括田埂)布置,按1个田块1个放水口设计,单侧灌水。放水口采用分体式给水栓,竖管采用PE管,高出地面30 cm。给水栓下设消力井,以防止放水口出水对田块冲刷。

9.3 设计参数

(1)灌溉设计保证率95%;

(2)灌溉水有效利用系数0.90。

9.4 工程设计

9.4.1 灌水率

灌水率:

$$q_s = \frac{\alpha m}{3600Tt}$$

式中:q_s——灌水率,m^3/(s·万亩);

α——水稻种植比例,取1.0;

m——灌水定额,取水稻泡田定额80 m^3/亩;

T——一次灌水延续时间,取4 d;

t——系统日工作小时数,取22 h。

经计算:q_s = 2.53 m^3/(s·万亩)。

9.4.2 灌溉工作制度

灌溉采用续灌的方式。

9.4.3 管网设计流量计算

$$Q_0 = \frac{q_s A}{\eta}$$

式中:Q_0——灌溉系统设计流量,m^3/h;

A——设计灌溉面积,亩;

η——灌溉水有效利用系数。

经计算:Q_0 = 283.36 m^3/h。

管网各级管道设计流量:

$$Q = \frac{nQ_0}{N}$$

式中:Q——某级管道的设计流量,m^3/h;

n——该管道控制范围内同时开启的给水栓个数;

N——全系统同时开启的给水栓个数。

灌溉系统同时工作的给水栓有59个,根据工作制度,推求干、支管流量及泵站流量见表9.1。

9.4.4 管径确定

1)管材选择

经综合比较,干、支管管材选用PE管,埋深为0.70 m。

2)各级管道管径的确定

$$D = \sqrt{\frac{4Q}{\pi v}}$$

式中:D——管内径,m;

Q——管段设计流量,m^3/s;

v——管道经济流速,取1.1 m/s。

根据计算管径与标准管径的对比,同时结合压力校核结果和施工方便确定实际采用管径。

孔口由支管经竖管引出田面,给水栓高出田面0.3 m,管道埋深0.7 m,竖管采用PE管,管径与各支管大小相同。出口压力0.3 m,选用给水栓直径为75 mm(表9.1)。

表 9.1 管径选择表

支管						干管				
名称	控制面积（亩）	设计流量（m^3/h）	经济管径（mm）	选择管径（mm）	管内径（mm）	名称	设计流量（m^3/h）	经济管径（mm）	选择管径（mm）	管内径（mm）
支管 39	4.5	4.85	39.49	75	70.4	39—40	4.85	39.49	75	70.4
支管 40	4.5	4.85	39.49	75	70.4	40—41	9.71	55.85	110	104.6
支管 41	4.5	4.85	39.49	75	70.4	41—42	14.56	68.4	110	104.6
支管 42	4.5	4.85	39.49	75	70.4	42—43	19.41	78.98	110	104.6
支管 43	4.5	4.85	39.49	75	70.4	43—44	24.27	88.3	160	152
支管 44	4.5	4.85	39.49	75	70.4	44—45	29.12	96.73	160	152
支管 45	4.5	4.85	39.49	75	70.4	45—46	33.98	104.48	160	152
支管 46	4.5	4.85	39.49	75	70.4	46—47	38.83	111.7	160	152
支管 47	4.5	4.85	39.49	75	70.4	47—48	43.68	118.47	160	152
支管 48	4.5	4.85	39.49	75	70.4	48—49	48.54	124.88	200	190.2
支管 49	4.5	4.85	39.49	75	70.4	49—50	53.39	130.98	200	190.2
支管 50	4.5	4.85	39.49	75	70.4	50—51	58.24	136.8	200	190.2
支管 51	4.5	4.85	39.49	75	70.4	51—52	63.1	142.39	200	190.2
支管 52	4.5	4.85	39.49	75	70.4	52—53	67.95	147.76	200	190.2
支管 53	4.5	4.85	39.49	75	70.4	53—54	72.8	152.95	250	237.6
支管 54	4.5	4.85	39.49	75	70.4	54—55	77.66	157.96	250	237.6
支管 55	4.5	4.85	39.49	75	70.4	55—56	82.51	162.82	250	237.6
支管 56	4.5	4.85	39.49	75	70.4	56—57	87.37	167.54	250	237.6
支管 57	4.5	4.85	39.49	75	70.4	57—58	92.22	172.14	250	237.6
支管 58	4.5	4.85	39.49	75	70.4	58—59	97.07	176.61	250	237.6
支管 59	4.5	4.85	39.49	75	70.4	59—60	101.93	180.97	250	237.6
支管 60	4.5	4.85	39.49	75	70.4	60—C	106.78	185.23	250	237.6
支管 61	5.5	4.85	39.49	75	70.4	C—61	213.56	261.95	315	299.6
支管 62	5.5	4.85	39.49	75	70.4	61—62	218.41	264.91	315	299.6
支管 63	5.5	4.85	39.49	75	70.4	62—63	223.27	267.84	315	299.6
支管 64	5.5	4.85	39.49	75	70.4	63—64	228.12	270.73	315	299.6
支管 65	5.5	4.85	39.49	75	70.4	64—65	232.97	273.60	315	299.6
支管 66	5.5	4.85	39.49	75	70.4	65—66	237.83	276.43	315	299.6
支管 67	5.5	4.85	39.49	75	70.4	66—67	242.68	279.24	315	299.6
支管 68	5.5	4.85	39.49	75	70.4	67—68	247.53	282.02	315	299.6

续表

支管						干管				
名称	控制面积（亩）	设计流量（m^3/h）	经济管径（mm）	选择管径（mm）	管内径（mm）	名称	设计流量（m^3/h）	经济管径（mm）	选择管径（mm）	管内径（mm）
支管 69	5.5	4.85	39.49	75	70.4	68—69	252.39	284.77	315	299.6
支管 70	5.5	4.85	39.49	75	70.4	69—70	257.24	287.50	315	299.6
支管 71	5.5	4.85	39.49	75	70.4	70—71	262.10	290.20	315	299.6
支管 72	5.5	4.85	39.49	75	70.4	71—72	266.95	292.87	315	299.6
支管 73	5.5	4.85	39.49	75	70.4	72—73	271.80	295.52	315	299.6
支管 74	5.5	4.85	39.49	75	70.4	73—74	276.66	298.15	315	299.6
支管 75	5.0	4.85	39.49	75	70.4	74—75	281.51	300.75	315	299.6
						75—B	286.36	303.33	315	299.6
支管 76	4.5	4.85	39.49	75	70.4	76—77	4.85	39.49	75	70.4
支管 77	4.5	4.85	39.49	75	70.4	77—78	9.71	55.85	75	70.4
支管 78	4.5	4.85	39.49	75	70.4	78—79	14.56	68.4	75	70.4
支管 79	4.5	4.85	39.49	75	70.4	79—80	19.41	78.98	75	70.4
支管 80	4.5	4.85	39.49	75	70.4	80—81	24.27	88.3	110	104.6
支管 81	4.5	4.85	39.49	75	70.4	81—82	29.12	96.73	110	104.6
支管 82	4.5	4.85	39.49	75	70.4	82—83	33.98	104.48	110	104.6
支管 83	4.5	4.85	39.49	75	70.4	83—84	38.83	111.7	110	104.6
支管 84	4.5	4.85	39.49	75	70.4	84—85	43.68	118.47	160	152
支管 85	4.5	4.85	39.49	75	70.4	85—86	48.54	124.88	160	152
支管 86	4.5	4.85	39.49	75	70.4	86—87	53.39	130.98	160	152
支管 87	4.5	4.85	39.49	75	70.4	87—88	58.24	136.8	160	152
支管 88	4.5	4.85	39.49	75	70.4	88—89	63.1	142.39	160	152
支管 89	4.5	4.85	39.49	75	70.4	89—90	67.95	147.76	160	152
支管 90	4.5	4.85	39.49	75	70.4	90—91	72.8	152.95	160	152
支管 91	4.5	4.85	39.49	75	70.4	91—92	77.66	157.96	160	152
支管 92	4.5	4.85	39.49	75	70.4	92—93	82.51	162.82	160	152
支管 93	4.5	4.85	39.49	75	70.4	93—94	87.37	167.54	160	152
支管 94	4.5	4.85	39.49	75	70.4	94—95	92.22	172.14	200	190.2
支管 95	4.5	4.85	39.49	75	70.4	95—96	97.07	176.61	200	190.2
支管 96	4.5	4.85	39.49	75	70.4	96—97	101.93	180.97	200	190.2
支管 97	4.5	4.85	39.49	75	70.4	97—C	106.78	185.23	200	190.2

9.4.5 水力计算

1）管道沿程水头损失

$$h_f = f\frac{Q^m}{D^b}L$$

式中：h_f——沿程水头损失，m；

Q——管道的设计流量，m^3/h；

L——管长，m；

D——管内径，mm；

f——管材摩阻系数，取 0.948×10^5；

m——流量指数，取1.77；

b——管径指数，取4.77。

2）多孔管沿程水头损失

$$h'_f = Fh_f$$

$$F=\frac{N\left(\frac{1}{m+1}+\frac{1}{2N}+\frac{\sqrt{m-1}}{6N^2}\right)-1+X}{N-1+X}$$

式中：h'_f——多孔口沿程水头损失，m；

F——多口系数；

N——出流孔口数；

X——多孔管首孔位置系数，即多孔管入口至第一个出流孔管口的距离与各出流孔口间距之比。

管道局部水头损失：局部水头损失按沿程水头损失10%计（表9.2）。

表9.2 水力计算表

管道名称	设计流量（m^3/h）	管长（m）	管内径（m）	沿程水头损失 h_f（m）	局部水头损失 h_j（m）	总水头损失 h_w（m）
支管	4.85	1	70.4	0.00	0.000	0.000
干39—40	4.85	20	70.4	0.01	0.001	0.011
干40—41	9.71	20	104.6	0.01	0.001	0.011
干41—42	14.56	20	104.6	0.02	0.002	0.022
干42—43	19.41	20	104.6	0.03	0.003	0.033
干43—44	24.27	20	152	0.01	0.001	0.011
干44—45	29.12	20	152	0.01	0.001	0.011
干45—46	33.98	20	152	0.01	0.001	0.011
干46—47	38.83	20	152	0.02	0.002	0.022
干47—48	43.68	20	152	0.02	0.002	0.022
干48—49	48.54	20	190.2	0.01	0.001	0.011

续表

管道名称	设计流量 (m^3/h)	管长 (m)	管内径 (m)	沿程水头损失 h_f(m)	局部水头损失 h_j(m)	总水头损失 h_w(m)
干 49—50	53.39	20	190.2	0.01	0.001	0.011
干 50—51	58.24	20	190.2	0.01	0.001	0.011
干 51—52	63.10	20	190.2	0.01	0.001	0.011
干 52—53	67.95	20	190.2	0.01	0.001	0.011
干 53—54	72.80	20	237.6	0.01	0.001	0.011
干 54—55	77.66	20	237.6	0.01	0.001	0.011
干 55—56	82.51	20	237.6	0.01	0.001	0.011
干 56—57	87.37	20	237.6	0.01	0.001	0.011
干 57—58	92.22	20	237.6	0.01	0.001	0.011
干 58—59	97.07	20	237.6	0.01	0.001	0.011
干 59—60	101.93	20	237.6	0.01	0.001	0.011
干 60—C	106.78	10	237.6	0.01	0.001	0.011
干 76—77	4.85	20	70.4	0.01	0.001	0.011
干 77—78	9.71	20	70.4	0.05	0.005	0.055
干 78—79	14.56	20	70.4	0.10	0.010	0.110
干 79—80	19.41	20	70.4	0.17	0.017	0.187
干 80—81	24.27	20	104.6	0.04	0.004	0.044
干 81—82	29.12	20	104.6	0.06	0.006	0.066
干 82—83	33.98	20	104.6	0.07	0.007	0.077
干 83—84	38.83	20	104.6	0.09	0.009	0.099
干 84—85	43.68	20	152	0.02	0.002	0.022
干 85—86	48.54	20	152	0.02	0.002	0.022
干 86—87	53.39	20	152	0.03	0.003	0.033
干 87—88	58.24	20	152	0.03	0.003	0.033
干 88—89	63.10	20	152	0.04	0.004	0.044
干 89—90	67.95	20	152	0.04	0.004	0.044
干 90—91	72.80	20	152	0.05	0.005	0.055
干 91—92	77.66	20	152	0.05	0.005	0.055
干 92—93	82.51	20	152	0.06	0.006	0.066
干 93—94	87.37	20	152	0.07	0.007	0.077
干 94—95	92.22	20	190.2	0.03	0.003	0.033

续表

管道名称	设计流量 (m^3/h)	管长 (m)	管内径 (m)	沿程水头损失 h_f(m)	局部水头损失 h_j(m)	总水头损失 h_w(m)
干 95—96	97.07	20	190.2	0.03	0.003	0.033
干 96—97	101.93	20	190.2	0.03	0.003	0.033
干 97—C	106.78	100	190.2	0.16	0.016	0.176
干 C—61	213.56	20	299.6	0.01	0.001	0.011
干 61—62	218.41	20	299.6	0.01	0.001	0.011
干 62—63	223.27	20	299.6	0.01	0.001	0.011
干 63—64	228.12	20	299.6	0.01	0.001	0.011
干 64—65	232.97	20	299.6	0.01	0.001	0.011
干 65—66	237.83	20	299.6	0.02	0.002	0.022
干 66—67	242.68	20	299.6	0.02	0.002	0.022
干 67—68	247.53	20	299.6	0.02	0.002	0.022
干 68—69	252.39	20	299.6	0.02	0.002	0.022
干 69—70	257.24	20	299.6	0.02	0.002	0.022
干 70—71	262.10	20	299.6	0.02	0.002	0.022
干 71—72	266.95	20	299.6	0.02	0.002	0.022
干 72—73	271.80	20	299.6	0.02	0.002	0.022
干 73—74	276.66	20	299.6	0.02	0.002	0.022
干 74—75	281.51	20	299.6	0.02	0.002	0.022
干 75—B	286.36	40	299.6	0.04	0.004	0.044
吸水管路	286.36	20	190.2	0.17	0.019	0.209
合计				1.98	0.198	2.178

9.4.6 机泵选型

$$H_p = H_m + \sum h_f + \sum h_j + \Delta Z$$

式中：H_p——水泵设计扬程，m；

H_m——主干管入口工作水头，m；

$\sum h_f$——水泵吸水管至管道系统进口之间的沿程水头损失，m；

$\sum h_j$——水泵吸水管至管道系统进口之间的局部水头损失，m；

ΔZ——水泵安装高程与水源水位的高差，m，取 1.5 m。

竖管水头损失 0.002 m。末端所需水压力为孔口工作压力及水头损失和竖管高度之和，末端出水口压力为 1.2 m。因须平整土地，故不考虑高差因素，则干管入口处所需工作水头为(局部损失按沿程损失10%计):$H_m=(0.00+1.20+1.98)\times1.1=3.50$ m。

经计算:$H_p=6.50$ m。

根据设计流量286.36 m^3/h和设计扬程6.50 m,选用200HW-8混流泵1台,配套电机功率11 kW。

9.5 附属设施

孔口出水处为防冲刷,在孔口下设消力井,由消力井分水到田间,消力井尺寸为1.40 m×0.56 m×0.43 m,采用田间现浇砖砌混凝土护面形式。

干、支管上每30 m设置一个伸缩接头。各支管及出水口需砌筑支墩。在水泵出水口处安装逆止阀防止停机后管网水头回灌,引起水泵倒转。封闭式系统支管首部设置控制闸阀控制各支管运行,阀处均应砌筑阀门井保护。在首部安装电磁流量计1台。

9.6 主要工程量

主要工程量如表9.3所示。

表9.3 主要工程量表

序号	名称	规格(mm)	单位	数量
一	管道及配件工程			
1	PE管	DN75	m	167
2		DN110	m	100
3		DN160	m	220
4		DN200	m	200
5		DN250	m	190
6		DN315	m	250
7	压力表	0~1 MPa	个	1
8	电磁流量计	DN200	个	1
9	取水栓	DN75	个	59
16	管道配件		个	320
二	泵站工程			
1	泵站	150HWG-8混流泵	台套	1

9.7 工程效益

1)节水效益

项目区灌溉水有效利用系数可达到0.90,亩均灌水量500 m^3,相对传统灌溉亩均灌水量600 m^3,亩均可节水100 m^3,年节水量2.8万m^3。

2）节地效益

与明渠灌溉相比，节约土地约3%，可节省土地8亩左右。

3）省工效益

据测算，在当地与明渠灌溉相比，管道灌溉每亩可节省3个工日。

4）增产效益

工程建成后，灌溉保证率达到95%，提高了农作物的生产保障能力，每亩粮食产量增加50 kg，粮食可增加14 t。

9.8 附图

详见附图九。

10 常熟市某低压管道灌溉工程

【导语】

项目区设计灌溉面积570亩，主要种植水稻。土地基本流转，大户种植，建设管理水平较高，灌溉方式为低压管道灌溉，工程投资约73万元，可作为苏南水网平原地区低压管道灌溉的典型案例。

10.1 基本概况

项目区位于常熟市虞山镇，田块呈不规则形状，地形高程自西向东逐渐降低，田面高程约5.80~6.60 m，土壤质地为黏土。项目区采用低压管道灌溉，灌溉面积570亩，主要种植水稻，种植模式为以户为单位承包，农田灌溉以小机小泵为主。

10.2 管道布置

干管沿路布置，支管根据实际情况布置，利用现有道路和排水沟道，通过取水口灌溉农田，每个取水口控制面积大约为4亩，该规划区共布置11根支管，117个取水口。

10.3 设计参数

（1）灌溉设计保证率95%；

（2）灌溉水有效利用系数0.92。

10.4 工程设计

10.4.1 灌水率

$$q_s = \frac{\alpha m}{3600Tt}$$

式中：q_s——灌水率，$m^3/(s\cdot万亩)$；

α——水稻种植比例，取1.0；

m——灌水定额，取80 $m^3/亩$；

T——一次灌水延续时间，取4 d；

t——系统日工作小时数，取22 h。

经计算：$q_s = 2.53\ m^3/(s\cdot万亩)$。

10.4.2 灌溉工作制度

考虑到管道系统比较分散，流量相对集中，灌溉时采用分组轮灌的工作制度，分 4 个轮灌组，每个轮灌组灌水持续时间为 1 d，系统总灌水时间为 4 d。

10.4.3 管网设计流量计算

灌溉设计流量：

$$Q_0 = \frac{q_s A}{\eta}$$

式中：Q_0——灌溉系统设计流量，m^3/h；

A——设计灌溉面积，亩；

η——灌溉水有效利用系数。

经计算：$Q_0 = 564.3\ m^3/h$。

管网各级管道的设计流量：

$$Q = \frac{nQ_0}{N}$$

式中：Q——某级管道的设计流量，m^3/h；

n——该管道控制范围内同时开启的给水栓个数；

N——全系统同时开启的给水栓个数。

轮灌分组见表 10.1。

表 10.1 轮灌分组表

序号	支管名称	控制面积（亩）	设计流量（m^3/h）	放水口数量（个）	放水口管径（mm）	放水口流量（m^3/h）	轮灌时间	备注
1	支 1	40	160	8	90	20	第一天	轮灌组 1
	支 8-1	45	180	9	90	20	第一天	
	支 3	30	120	6	90	20	第一天	
	支 10	25	100	5	90	20	第一天	
2	支 7-2	50	200	10	90	20	第二天	轮灌组 2
	支 2	35	140	7	90	20	第二天	
	支 11	25	100	5	90	20	第二天	
	支 6	40	160	8	90	20	第二天	
3	支 7-1	60	280	14	90	20	第三天	轮灌组 3
	支 4	35	140	7	90	20	第三天	
	支 9	45	180	9	90	20	第三天	
4	支 8-2	65	280	14	90	20	第四天	轮灌组 4
	干 3	30	120	6	90	20	第四天	
	支 5	45	180	9	90	20	第四天	

10.4.4 管径确定

1）管材选择

干管、分干管、支管采用PVC-M硬质塑料管。

2）各级管道管径的确定

$$D=\sqrt{\frac{4Q}{\pi v}}$$

式中：D——管内径，m；

Q——管段设计流量，m^3/s；

v——管道经济流速，取1.0～1.5 m/s。

根据轮灌组划分情况，确定各级管道同时工作的出水口数量，由此确定支管管道的设计流量。干管管径的选择应根据不同的轮灌组开启的取水口个数确定（表10.2）。

表10.2 管径选择表

序号	管道名称	设计流量（m^3/h）	管长（m）	经济管径（mm）	选择管径（mm）	壁厚（mm）	管内径（mm）
1	干1	400	190	307.0	355	8.7	337.6
2	干2	320	80	274.6	315	7.7	299.6
3	干3	180	220	256.9	315	7.7	299.6
4	干4	100	130	153.5	200	4.9	190.2
5	支1	160	250	194.2	200	4.9	190.2
6	支2	140	270	181.6	200	4.9	190.2
7	支3	120	280	168.2	200	4.9	190.2
8	支4	140	280	181.6	200	4.9	190.2
9	支5	180	325	206.0	250	6.2	237.6
10	支6	160	235	194.2	200	4.9	190.2
11	支7-1	280	490	256.9	250	6.2	237.6
12	支7-2	200	290	217.1	250	6.2	237.6
13	支8-1	180	290	206.0	250	6.2	237.6
14	支8-2	280	390	256.9	250	6.2	237.6
15	支9	180	360	206.0	250	6.2	237.6
16	支10	100	195	153.5	160	4	152
17	支11	100	195	153.5	160	4	152

10.4.5 水力计算

1）管道沿程水头损失

$$h_f = f\frac{Q^m}{D^b}L$$

式中：h_f——沿程水头损失，m；

Q——管道的设计流量，m^3/h；

L——管长，m；

D——管内径，mm；

f——管材摩阻系数，取 0.948×10^5；

m——流量指数，取 1.77；

b——管径指数，取 4.77。

根据最不利原则，选择支管 10 进行水力计算（表 10.3）。

表 10.3 水力计算表

序号	管道名称	流量 (m^3/h)	管道长度 (m)	管内径 (mm)	沿程水头损失 h_f(m)	局部水头损失 h_j(m)	总水头损失 h_w(m)
1	支 10	100	195	152.0	2.39	0.239	2.629
2	干 4	100	130	190.2	0.19	0.019	0.209
3	干 3	180	220	299.6	0.30	0.03	0.330
4	干 2	320	80	299.6	0.17	0.017	0.187
5	干 1	400	190	337.6	0.60	0.06	0.660

经计算：$h_f=3.65$ m。

出水口高出田面 0.3 m，管道埋深 0.7 m，竖管高度 1.0 m，出水口工作水头 0.1 m，计算末端所需压力为出水口工作水头及竖管高度之和，末端出水口工作水头为 1.1 m。

2）管道局部水头损失

局部水头损失按管道沿程水头损失 10% 计，则 $h_j=0.365$ m。

则管道系统总水头损失 $h_w=3.65+1.1+0.365=5.115$ m。

10.4.6 机泵选型

水泵设计扬程：

$$H_p = H_0 + Z_0 - Z_d + \sum h_{f,0} + \sum h_{j,0}$$

式中：H_p——灌溉系统水泵的设计扬程，m；

H_0——管道系统设计工作水头，取 5.515 m；

Z_0——管道系统进口高程，取 6.0 m；

Z_d——泵站前池水位或机井动水位，取 2.6 m；

$\sum h_{f,0}$——水泵吸水管进口至管道系统进口之间管道的沿程水头损失，m；

$\sum h_{j,0}$——水泵吸水管进口至管道系统进口之间管道的局部水头损失,m。

$H_0 = 5.115 + 0.3 + 0.1 = 5.515$ m, $\sum h_{f,0} + \sum h_{j,0} = 1.0$ m,经计算:$H_p = 9.92$ m。

根据设计流量和设计扬程,选用300QSH-12-37潜水泵1台套,配套电机功率37 kW。

10.5 主要工程量

主要工程量如表10.4所示。

表10.4 主要工程量表

序号	设备及项目名称	规格	单位	数量
一	管道及配件工程			
1	PVC-U 管	DN160/0.63 MPa	m	39
2	PVC-U 管	DN200/0.63 MPa	m	131.5
3	PVC-U 管	DN250/0.63 MPa	m	225.5
4	PVC-U 管	DN315/0.63 MPa	m	22
5	PVC-U 管	DN355/0.63 MPa	m	27
6	管道配件	DN355/160	个	240
二	泵站工程			
1	泵站	300QSH-12-37	台套	1

10.6 工程效益

1)节水(电)效益

项目区灌溉水有效利用系数可达到0.92,亩均灌水量500 m^3,相对传统灌溉亩均可节水100 m^3,年节水量5.7万 m^3。

2)节地效益

与明渠灌溉相比,低压管道灌溉节约土地约3%,可节省土地17亩左右。

3)省工效益

与明渠灌溉相比,管道灌溉每亩可节省3个工日。

4)增产效益

工程建成后,灌溉保证率达到95%,提高了农作物的生产保障能力,每亩粮食产量增加50 kg,粮食可增加28.5 t。

10.7 附图

详见附图十。

11　盐城市盐都区某滴灌工程

【导语】

项目区设计灌溉面积为1088亩，属特色蔬菜基地，由大户统种、统管、统销，采用蔬菜大棚滴灌自动化控制，变频恒压供水，实施水肥一体化，极大减轻人力资源成本。工程总投资为150万元，工程设计合理，在该地区产生较好的经济示范效应。

11.1 基本概况

项目区属里下河腹部圩区，以福中河及其支河为主要灌溉水源，能满足灌溉需求。区域土质为粉质黏土为主，地势平坦，规划范围东西长1250 m、南北宽660 m，耕地面积约1088亩。现状为普通大棚和连拱棚，其中普通大棚约325个，长20～80 m，宽5～7 m；连拱棚约11个，长100～190 m，宽33～85 m。种植作物为大棚蔬菜、水果，作物行距1 m，间距0.3 m。为满足作物不同生长期对供水方式的要求，采用滴灌的灌溉方式。

11.2 灌水器的选择

根据蔬菜需水要求、种植方式及灌水器水力特性，本次设计滴灌带拟采用内镶贴片式滴灌带进行设计（农户也可根据需要选择微喷头）：滴灌带间距1.0 m，滴头间距0.3 m，每个大棚顺大棚轴线配4条毛管。内镶贴片式滴灌带，参数为：直径16 mm，壁厚0.18 mm，设计工作压力0.25 MPa，滴头流量1.8 L/h。

11.3 管道布置

管网总体布置

项目区为承包户统一管理，采用自动化控制，设一个自动化分控中心。根据片区地形情况，从方便管理和经济合理角度综合考虑，分为三个地块进行设计。每个地块新建1座泵站提水灌溉（分别编号为1#、2#、3#泵站）。输配水管网系统采用“丰”字形布置，其中1#泵站地块位于该片区北侧，干管沿路和桥呈U形布置，支管沿大棚中心穿过东西向布置；2#泵站地块位于该片区西南侧，干管沿路和鼎绿桥沿南北向布置，支管沿大棚中心穿过东西向布置；3#泵站地块位于该片区东南侧，干管沿路和福中二组桥沿南北向布置，支管沿大棚中心穿过东西向布置。支管长度及间距根据规划大棚的长宽各不相同，其中支管长度63～512 m

不等、支管间距45~90 m不等。系统平面布置见图11.1。

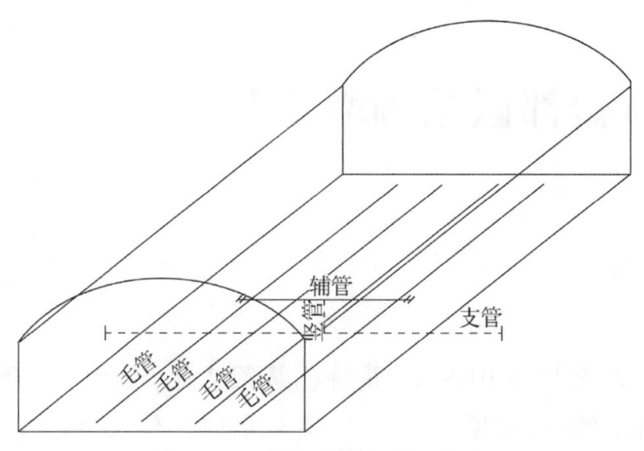

图11.1　棚内管路布置示意图

11.4 设计参数

(1) 灌溉设计保证率95%;
(2) 设计耗水强度5 mm/d;
(3) 设计土壤湿润比75%;
(4) 灌溉水有效利用系数0.90;
(5) 土壤计划湿润层深度30 cm;
(6) 土壤干容重1.4 g/cm^3。

11.5 工程设计

11.5.1　灌溉制度

1) 设计灌水定额

$$m = 0.1\gamma zp(\theta_{max} - \theta_{min})/\eta$$

式中:m——设计灌水定额,mm;
γ——土壤容重,g/cm^3;
z——土壤计划湿润层深度,m;
p——设计土壤湿润比,%;
θ_{max}、θ_{min}——适宜土壤含水率上下限(占干土重的百分比),最大田间持水量取为24%,适宜土壤含水率上下限百分比取95%和60%,则$\theta_{max}=22.8\%$,$\theta_{min}=14.4\%$;
η——灌溉水有效利用系数。

经计算:$m = 0.1 \times 1.40 \times 0.30 \times 75 \times (22.8 - 14.4)/0.90 = 29.4$ mm,取$m = 29$ mm。

2) 灌水周期

$$T \leqslant T_{max} = \frac{m\eta}{I_a}$$

式中：T——设计灌水周期，d；

T_{max}——最大灌水周期，d；

I_a——设计耗水强度，mm/d。

经计算，$T \leqslant T_{max} = 29 \times 0.90/5 = 5.22$ d，取 $T = 5$ d。

3）一次灌水延续时间

$$t = \frac{mS_pS_e}{q}$$

式中：t——一次灌水延续时间，h；

S_p——出水孔间距，m；

S_e——毛管间距，m；

q——出水孔平均流量，L/h。

经计算：$t = 5.95$ h，取 $t = 6$ h。

4）系统工作制度

灌溉时采用轮灌的方式，对于固定式滴灌带灌溉系统，轮灌区数目可按下式计算：

$$N \leqslant 12\frac{T}{t}$$

经计算，滴灌对应的最大轮灌组数 $N = 10$，根据现状大棚分布情况，结合现场管理运行要求，片区 1 分为 5 个轮灌组（表 11.1）。

表 11.1　系统轮灌组划分表

时间(h)		轮灌组	灌溉管道	灌溉大棚
第一天	6	Ⅰ	支管 1	连拱棚 4 个，总长 450 m
第二天	6	Ⅱ	支管 2	连拱棚 4 个，总长 440 m
第三天	6	Ⅲ	支管 3	连拱棚 3 个，总长 320 m
第四天	6	Ⅳ	支管 4	连拱棚 4 个，总长 435 m
第五天	6	Ⅴ	支管 5	连拱棚 4 个，总长 433 m

11.5.2　管网设计流量计算

本次典型设计取 1# 地块进行典型计算，2#、3# 地块计算方法同本设计。1# 地块泵站支管根据大棚布置情况间距为 45 ~ 65 m，系统控制面积为 340 亩。

1）毛管最大铺设长度计算

（1）允许水头偏差 $\Delta h_{毛}$ 的确定

设计流量偏差率 $q_v = 0.2$，灌水器的流态指数 $\chi = 0.6$，偏安全考虑，按设计水头 $h_d = 10$ m（滴灌），则毛管允许水头偏差 $\Delta h_{毛} = 1.87$ m。

（2）单侧毛管允许出水孔数目和最大铺设长度

根据滴灌带管径 16 mm，滴头间距 0.3 m，滴头设计流量 1.4 L/h，计算的单侧毛管极限孔数 $N_m = 339$，单侧毛管最大铺设长度 $L_m = 101$ m。根据地块尺寸，实际单侧毛管最大铺设长度 95 m，满足灌水均匀性要求。

2）灌溉设计流量

（1）毛管流量

以毛管上最多有293个滴头计，经计算毛管进口流量为410.2 L/h。

（2）辅管流量

以辅管上控制最多15×254×4=15240个滴头计（连拱棚），辅管进口流量为21.3 m^3/h。

（3）干管、支管流量

每条干管、支管最大流量均为一个轮灌组流量，经比较，最大轮灌组为Ⅰ号轮灌组。Ⅰ号轮灌组同时工作的滴头均由支管1供水，4个连拱棚，443道毛管，共计滴头81509个，故其流量 $Q=1.4\times81509/1000=114.1\ m^3/h$。

（4）系统设计流量

系统设计流量即为最大轮灌组的流量 $Q=114.1\ m^3/h$。

3）干、支、辅管管径确定

干、支管管径的确定，可按下式确定：

$$d=13\sqrt{Q}\ (\text{当}\ Q<120\ m^3/h)$$

经计算，干管、支管均选用Φ160 mm PVC-M管，壁厚4.0 mm，公称压力0.63 MPa；辅管均用Φ63 mm LDPE管，壁厚1.6 mm，公称压力0.36 MPa。

11.5.3　水力计算

管道沿程水头损失按下式计算：

$$h_f=f\frac{Q^m}{D^b}L$$

式中：h_f——管道沿程水头损失，m；

f——摩阻系数；

Q——管道流量，L/h；

L——管道长度，m；

D——管道内径，mm；

m——流量指数；

b——管径指数。

管道系统为等距、等量分流多孔管时，其沿程水头损失可按下式计算：

$$h_f'=Fh_f$$

$$F=\frac{N\left(\frac{1}{m+1}+\frac{1}{2N}+\frac{\sqrt{m-1}}{6N^2}\right)-1+X}{N-1+X}$$

式中：h_f'——等距、等量分流多孔管沿程水头损失，m；

F——多口系数；

N——出流孔口数；

X——多孔管首孔位置系数，即多孔管入口至第一个出流孔管口的距离与各出流孔口间距之比。

管道局部水头损失按沿程水头损失 10% 计。

1）毛管入口水头

地形较平坦，基本无高差，偏安全考虑，取微喷头的工作压力 25 m，取Ⅰ号轮灌组最远端毛管，经计算，毛管入口压力为 25.03 m。

2）辅管进口工作压力的确定

根据轮灌制度、管网布置和管网流量进行水力计算。经计算，辅管进口水头损失为 25.60 m。

3）支管进口工作压力的确定

根据轮灌制度、管网布置和管网流量进行水力计算。经计算，支管进口水头损失为 28.83 m。

4）干管进口工作压力的确定

根据轮灌制度、管网布置和管网流量进行水力计算。经计算，干管进口工作压力 $h_{干}$ = 32.70 m（表 11.2）。

表 11.2 系统水力计算表

项目	管长(m)	管径(mm)	水头损失(m)
灌水器工作压力			25
毛管进口	22	16	0.03
辅管进口	2.7	63	0.57
支管进口	319	160	3.23
干管进口	361	160	3.87
系统总扬程			32.70

11.5.4 机泵选型

水泵设计扬程：

$$H_p = H_m + \sum h_f + \sum h_j + \Delta Z$$

式中：H_p——水泵设计扬程，m；

H_m——主干管入口工作水头，m，取 32.70 m；

$\sum h_f$——水泵吸水管至管道系统进口之间的管道沿程水头损失之和，m；

$\sum h_j$——水泵吸水管至管道系统进口之间的管道局部水头损失，m；

ΔZ——水泵安装高程与水源水位的高差，取 1.5 m。

水泵底阀至干管进口的损失，包括底阀、首部枢纽和吸水管、过滤器等的水头损失，取为 8.0 m，经计算：$H_p = 32.70 + 8.0 + 1.5 = 42.2$ m。

根据设计流量 114.1 m^3/h 和设计扬程 42.2 m，1#泵站选用 80ZX60-55 型水泵 2 台，单泵流量为 60 m^3/h，扬程为 55 m，转速 2900 r/min，电机功率为 18.5 kW。

计算原理及方法同上，2#地块、3#地块均分 8 个轮灌组，干、支管均选用 Φ160 mm PVC-M 管，壁厚 4.0 mm，公称压力 0.63 MPa；辅管均用 Φ63 mm LDPE 管，壁厚 1.6 mm，公称压力0.63 MPa。系统总扬程、设计流量分别为 $H_2=41.5$ m、$H_3=41.9$ m，$Q_2=99.8$ m^3/h、$Q_3=119.2$ m^3/h。由此2#、3#泵站均选用2台80ZX60-55型水泵(表11.3)。

表11.3 水泵选型表

位置	水泵型号	台数	进水管管径(mm)	出水管管径(mm)	配套电机(kW)	计算流量(m^3/h)	计算扬程(m)	备注
1#地块	80ZX60-55	2	100	150	18.5	114.1	42.2	
2#地块	80ZX60-55	2	100	150	18.5	99.8	41.5	
3#地块	80ZX60-55	2	100	150	18.5	119.2	41.9	

11.6 附属设施

1）首部枢纽

本次设计泵站系统的附属设施有逆止阀、压力表、流量计、过滤器、施肥罐、闸阀等装置。本工程因水源为河水，含泥沙、有机质等杂质，经进水池拦污栅过滤后，选用“砂石+网式(120目)”过滤器即可满足要求。结合设计流量 $Q_1=114.1$ m^3/h，选用S-150-125-0.4-120型砂石过滤器和W-150-125-0.4-120型网式过滤器；在首部枢纽设置型号为YSFG-50J-0.4施肥罐。首部枢纽内主机采用变频控制恒压供水。

2）田间管路

为使滴灌系统安全稳定的运行，同时方便操作，除在首部枢纽设置调压设备外，在田间闸阀井内除设电动蝶阀外另设调压阀；为保证田间管路的稳定可靠在转角、接头等位置均设素砼镇墩，支墩与管道之间应设橡胶皮垫层，以防止管道的破坏，支墩参照《柔性接口给水管道支墩》相关要求施工；为检修方便，在支管末端设泄水井，井内设泄水阀；为保证过河、过路管路的安全可靠，过河管路均采用热镀锌钢管，穿路管均采用HDPE管。

11.7 主要工程量

主要工程量如表11.4所示。

表11.4 主要工程量表

序号	项目名称	单位	项目区		
			1#地块	2#地块	3#地块
一	管道工程				
1	毛管(DN16 mm贴片式滴灌带)	100 m	1080	1100	1310
2	PVC-M管DN160 mm，0.63 MPa	m	2591	2959	3275
	PVC-M管DN63 mm，0.63 MPa	m	210.3	249.6	277.0
3	田间闸阀及闸阀井DN63 mm	个	276	332	366
4	管道配件				
二	泵站工程				
1	80ZX60-55自吸离心泵及电机	台套	2	2	2

11.8 工程效益

1）节水效益

实施前灌溉方式为移动机泵提水配合人工浇水的粗放式灌溉方式，实施后为泵站抽水由管道至滴灌带（微喷头）的灌溉方式，实施后灌溉水有效利用系数达到0.90，实施后节水量超过25万m^3/年。

2）肥料效益

实施工程后施肥在泵站控制中心通过管道灌水器送达田间，提高了肥料利用率，节省投资每年每亩100元。

3）人工效益

实施前项目区内各大棚均需人工浇水、施肥，实施后灌水施肥均在泵站控制中心完成，实施后人工减少每年每亩5人，相应投资节省每年每亩200元。

4）经济作物收益

该项目区内种植作物为青菜、菠菜、生菜、茄子等经济作物，实施后蔬菜的产量和品质均较实施前有所提高，其中产量增加6%，作物收益增加超过每年每亩300元。

11.9 附图

详见附图十一。

12 宿迁市宿城区某滴灌工程

【导语】

项目区设计灌溉面积为360亩,土地已流转,由公司承包经营。种植蔬菜,灌溉水源为地下水,采用大棚蔬菜供水,工程总投资76万元。项目区缺少合适地表水源,工程实施后,达到了节水节工效益,有效提升了蔬菜的品质,给种植户带来较高的收益,具有较好的典型示范作用。

12.1 基本概况

项目区位于罗圩乡,属平原地区,地势平坦,种植面积约360亩,主要作物为常见蔬菜,目前土地已经流转,由公司承包经营。项目区通过机井抽取地下水作为灌溉水源,土壤类型主要为粉质黏土。区内交通便利,道路状况良好,电力供应有保障。

12.2 管道布置

以地下水为水源,从机井加压,由输水干管向支管输水,再经分支管输送到大棚内滴灌带,最终由滴头进行滴灌,滴头沿蔬菜根部布置(图12.1)。干管、支管及分支管全部为PE63级管道,公称压力为0.6 MPa。

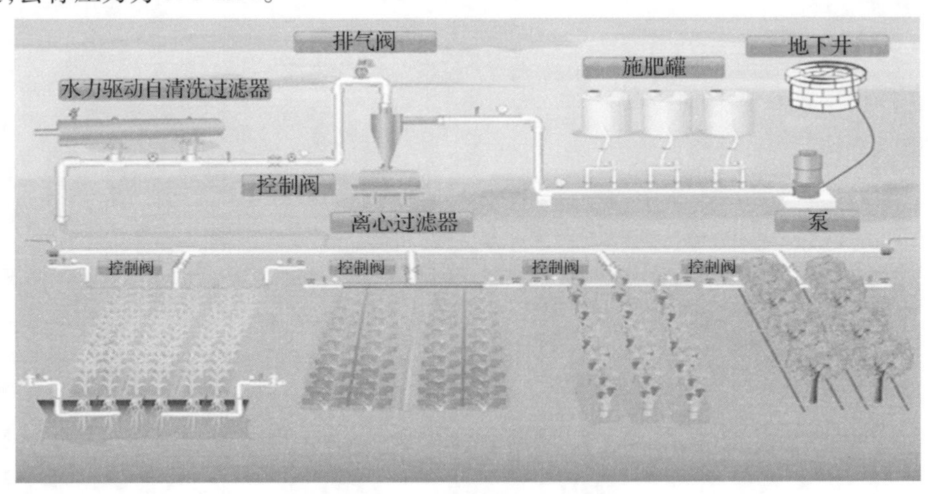

图12.1 滴灌系统组成示意图

毛管与滴头的布置:选用贴片式滴灌带。滴灌带沿大棚长度方向铺设,两条滴灌带间距1.0 m,滴头间距0.3 m,额定工作压力0.1 MPa,滴头流量1.5 L/h。

12.3 设计参数

(1)灌溉设计保证率90%;

(2)灌溉水有效利用系数0.90;

(3)设计土壤湿润比80%;

(4)设计作物耗水强度4 mm/d;

(5)土壤计划湿润层深度30 cm。

12.4 工程设计

12.4.1 灌溉制度

1)最大净灌水定额

$$m_{max}=0.001\gamma zp(\theta_{max}-\theta_{min})$$

式中:m_{max}——最大净灌水定额,mm;

z——作物土壤计划湿润层的深度,cm;

γ——土壤容重,取1.4 g/cm^3;

p——设计土壤润湿比,%;

θ_{max}——灌后土层允许达到的含水量上限,取田间持水量的90%;

θ_{min}——灌前土层含水量下限,取田间持水量的70%。

参照《喷灌工程设计手册》,田间持水量取30%。

经计算:

$$m_{max}=0.001\times1.4\times30\times80\times(30\%\times90\%-30\%\times70\%)=20.16\ \text{mm}$$

2)设计灌水周期

最大灌水周期:

$$T\leqslant T_{max}$$

$$T_{max}=\frac{m_{max}}{I_a}$$

式中:T——设计灌水周期,d;

T_{max}——最大灌水周期,d;

m_{max}——灌水率,mm;

I_a——日耗水强度,mm/d。

经计算:$T\leqslant T_{max}=20.16/4=5.04$ d,取5 d。

3)设计灌水定额

$$m_d=T\cdot I_a$$

$$m'=\frac{m_d}{\eta}$$

式中:m_d——设计灌溉定额,mm;

m'——设计毛灌水定额，mm；

η——灌溉水有效利用系数。

经计算：$m_d=5\times4=20$ mm，$m'=20/0.9=22.22$ mm。

4）灌溉工作制度

（1）一次灌水延续时间

$$t=\frac{mab}{q}$$

式中：t——一次灌水延续时间，h；

q——滴灌带单个滴头的流量，取 1.5 L/h；

a——滴灌带两滴头之间距离，取 0.3 m；

b——两条滴灌带间距，取 1 m。

经计算：$t=22.22\times0.3\times1.0/1.5=4.44$，取 $t=5$ h。

（2）轮灌组划分

最大轮灌组数：

$$N=\frac{CT}{t}$$

式中：N——微灌系统允许最大轮灌组数，其值计算后取整；

C——每天工作小时数，取 15 h；

T——灌水周期，取 5 d。

经计算：$N=15\times5/5=15$，取 $N=15$，根据大棚实际布置情况，可设立 14 个轮灌组（表 12.1）。

表 12.1 轮灌组划分情况表

天数	时间(h)	轮灌区	轮灌组	灌溉大棚
1	1～5	Ⅰ区	轮灌组一	1#～13#
	6～10		轮灌组二	14#～26#
	11～15		轮灌组三	27#～39#
2	1～5	Ⅱ区	轮灌组四	40#～52#
	6～10		轮灌组五	53#～65#
	11～15		轮灌组六	66#～78#
3	1～5	Ⅲ区	轮灌组七	79#～91#
	6～10		轮灌组八	92#～104#
	11～15		轮灌组九	105#～117#
4	1～5	Ⅳ区	轮灌组十	118#～130#
	6～10		轮灌组十一	131#～143#
	11～15		轮灌组十二	144#～156#
5	1～5	Ⅴ区	轮灌组十三	157#～169#
	6～10		轮灌组十四	170#～179#

12.4.2 管网设计流量计算

项目区蔬菜大棚管道安装如图 12.1 所示,输水支管埋深 0.8 m,毛管通过异径三通、异径直通和 2 个 90°弯头接出地面,通过旁通阀与滴灌带连接。

选取Ⅰ区的管道进行流量计算及管径确定。

1)毛管设计

毛管采用规格为 Φ32 的 PE 管。

2)支管设计

Ⅰ区 1#蔬菜大棚长 102 m,宽 6.5 m。以 1#蔬菜大棚为例,单个大棚的流量:

$$q_{支}=\frac{q\times l\times n}{1000a}$$

式中:q——滴灌带单个滴头的流量,L/h;

l——大棚长度,取 102 m;

n——每个大棚滴灌带条数,取 6 条;

a——滴灌带两滴头之间距离,取 0.3 m。

经计算:$q_{支}=\dfrac{1.5\times102\times6}{1000\times0.3}=3.06\ \mathrm{m^3/h}$。

新建机井流量 40 m³/h,则机井能同时灌溉大棚的个数 $N=40/3.06=13.1$,即每次能灌溉 13 个大棚,灌溉流量 $Q=13q_{支}=13\times3.06=39.78\ \mathrm{m^3/h}$。考虑到灌溉面积较大,轮灌组数较多,Ⅰ区支管管径应按照机井最大供水量来选择。

管道沿程水头损失:

$$h_f=f\frac{Q^m}{d^b}L$$

$$F=\frac{N\left(\frac{1}{m+1}+\frac{1}{2N}+\frac{\sqrt{m-1}}{6N^2}\right)-1+X}{N-1+X}$$

式中:h_f——沿程水头损失,m;

Q——管道的设计流量,m³/h;

L——管长,m;

d——管内径,mm;

f——管材摩阻系数,取 0.948×10^5;

m——流量指数,取 1.77;

b——管径指数,取 4.77;

F——多口系数;

N——出流孔口数,$N=14$;

X——多孔管首孔位置系数,$X=5/10=0.5$。

经计算:$F=0.375$。

按规范要求,支管任意两滴头之间的水头损失不超过滴头压力的 20%,即:

$$h_w+\Delta Z\leqslant0.2h_p$$

$$h_w = 1.1h_f$$

式中：h_w——可用沿程水头损失 h_f 的 1.1 倍代入计算；

ΔZ——各支管中首末的地形高差最大值，取 0.1 m；

h_p——毛管入口压力，滴灌带入口压力维持在 0.1 MPa，故取 10.2 m。

经计算：支管Ⅰ选取规格为 Φ90 的 PE 管。同样可计算出Ⅱ区、Ⅲ区、Ⅳ区的支管管径分别为 Φ90、Φ125、Φ125，Ⅴ区分支管直接连接干管（表 12.2）。

表 12.2　支管流量与管径推算表

支管	每组支管长度（m）	滴头数（个）	流量（m^3/h）	计算直径（mm）	选取直径（mm）	公称压力（MPa）	壁厚（mm）	管内径（mm）
Ⅰ区	39	15 400	23.1	76.3	90	0.6	5.1	79.8
Ⅱ区	39	15 732	23.6	77.2	90	0.6	5.1	79.8
Ⅲ区	52	31 132	46.7	108.6	125	0.6	7.1	110.8
Ⅳ区	52	30 732	46.1	107.9	125	0.6	7.1	110.8

3）干管设计

Ⅰ区干管流量即为支管 1 的流量：$Q_{干} = Q_{支} = 13 \times 3.06 = 39.78\ m^3/h$

经济管径可按下式计算：

$$d_{经} = 1.13\sqrt{\frac{Q}{3600v_{经}}}$$

式中：$d_{经}$——管内径，m；

Q——管段设计流量，m^3/h；

$v_{经}$——管道经济流速，m/s，取 1.4 m/s。

经计算：$d_{经} = 100.4$ mm。考虑到减少管路损失，选取规格为 Φ125 的 PE 管，同样可计算得出Ⅱ区、Ⅲ区、Ⅳ区、Ⅴ区的干管管径均为 Φ125（表 12.3）。

表 12.3　干管流量与管径推算表

序号	管长（m）	流量（m^3/h）	计算直径（mm）	选取直径（mm）	公称压力（MPa）	壁厚（mm）	管内径（mm）
Ⅰ区	260	39.78	100.4	125	0.6	7.1	110.8
Ⅱ区	260	41.20	102.0	125	0.6	7.1	110.8
Ⅲ区	300	46.70	108.6	125	0.6	7.1	110.8
Ⅳ区	300	44.80	106.3	125	0.6	7.1	110.8
Ⅴ区	310	47.20	109.2	125	0.6	7.1	110.8

12.4.3　水力计算

选择最不利情况进行计算，即第 1 轮灌组最不利。

管道沿程水头损失计算公式：

$$h_f = \frac{Ffq^m l}{d^b}$$

管道局部水头损失按沿程水头损失一定比例计。

1）滴灌带入口压力水头

滴灌带多口系数 F 根据上述公式计算，$N=102/0.3=340$，$X=0.15/0.3=0.5$，$m=1.75$，经计算：$F=0.364$。

滴灌带参数：$l=102$ m，$q=510$ L/h，$m=1.75$，$b=4.75$，$d=16$ mm，$f=0.505$，代入上式计算得：$h_f=Ffq^m l/(d^b)=1.69$ m；$h_{滴灌带}=h_f+h_j=1.2\ h_f=1.2\times1.69=2.02$ m。

滴灌带最末端滴头压力稳定在0.1 MPa，约合 $h_p=0.1\ \text{MPa}/(\rho g)=10.0$ m 水头，则毛管出口压力水头：$h_{毛管口}=h_p+h_{滴灌带}=10.0+2.02=12.02$ m。

2）Φ32PE 毛管水头损失

$N=6$，$X=0.5/1=0.5$，$m=1.77$，经计算：$F=0.398$。

毛管参数：$l=6.5$ m，$q_{毛管}=3.06\ \text{m}^3/\text{h}$，$m=1.77$，$b=4.77$，$d_{毛管}=29$ mm，$f=0.505$

毛管水头损失：$h_f=Ffq^m l/(d^b)=0.16$ m；$h_{毛管}=h_f+h_j=1.2\ h_f=1.2\times0.16=0.20$ m。

3）Φ90PE 支管水头损失

$N=14$，$X=5/10=0.5$，$m=1.77$，经计算：$F=0.375$。

支管参数：$l=105$ m，$q_{支管}=39.78\ \text{m}^3/\text{h}$，$m=1.77$，$b=4.77$，$d_{支管}=84$ mm，$f=0.505$

支管水头损失：$h_f=Ffq^m l/(d^b)=1.84$ m；$h_{支管}=h_f+h_j=1.1h_f=1.1\times1.84=2.02$ m。

4）Φ125 干管水头损失

干管参数：$q_{干管}=39.78\ \text{m}^3/\text{h}$，$L=500$ m，$d_{支管}=117$ mm，$f=0.464$，$m=1.77$，$b=4.77$

干管水头损失：$h_f=Ffq^m l/(d^b)=3.80$ m；$h_{干管}=h_f+h_j=1.1\ h_f=1.1\times3.80=4.18$ m。

干管入口工作水头：$H_m=h_{毛管口}+h_{毛管}+h_{支管}+h_{干管}=12.02+0.20+2.02+4.18=18.42$ m。

12.4.4 机泵选型

水泵设计扬程：

$$H_p=H_m+\sum h_f+\sum h_j+\Delta Z$$

式中：H_p——水泵设计扬程，取 18.42 m；

H_m——干管入口工作水头，m；

$\sum h_f$——水泵吸水管进口至管道系统进口之间的管道沿程水头损失之和，取 1.5 m；

$\sum h_j$——水泵吸水管进口至管道系统进口之间的管道局部水头损失，取 9.0 m；

ΔZ——水泵安装高程与水源水位的高差，取 23.0 m。

经计算：$H_p=18.42+1.5+9.0+23.0=51.92$ m。

根据泵站设计流量 40 m^3/h 和设计扬程 51.92 m，选用 175QJ40-52 型潜水泵 1 台，配套电机功率为 11 kW，转速为 2960 r/min。

12.5 附属设施

为使滴灌系统安全稳定运行，在首部设置逆止阀、压力表、过滤器、施肥罐、水表、闸阀、排气阀等安全保护装置。管道转弯及三通处需砌筑填墩，以防管线充水时发生位移。

根据计量设施设置原则,结合项目区的水源条件、经济能力、测量精度、群众接受度及便于读数等多方面因素,综合比较分析,选择适合不同工况的量水设施。本次工程拟在主干管上安装电磁流量计,便于计量。

12.6 主要工程量

主要工程量如表 12.4 所示。

表 12.4 主要工程量表

编号	名称	规格型号	单位	数量	备注
一	管道及配件工程				
1	PE 管	Φ125	m	1850.0	0.6 MPa
		Φ90	m	1260.0	0.6 MPa
		Φ63	m	96.0	0.6 MPa
		Φ32	m	1850.0	0.6 MPa
2	金属网式过滤器		套	1	过流量 80 m^3/s
3	管道配件				
二	泵站工程				
1	房屋、土建工程				
2	泵机	175QJ40 - 52	台套	1	含照明
3	机井		眼	1	单井以 10 万计

12.7 工程效益

1) 节水效益

宿城区田间综合灌水定额为 550 m^3/亩,改造后,灌溉水有效利用系数由 0.65 提高到 0.92,初步估算每亩节约 248.3 m^3,按供水成本 0.18 元/m^3 计,则亩均节水效益 44.7 元。

2) 节地效益

由于管道埋于地下,节省了可耕土地。由原农渠设计断面测算,项目实施后可比土渠节省土地 7.2 亩,亩均节地 0.02 亩。按每亩单产 2500 kg,经济价格 4 元/kg,农业成本考虑 50%,则每年亩均节地效益 100 元。

3) 省工效益

同时采用管道输水,灌溉保证率高,缩短了灌水周期,节省了巡渠和清淤维修用工。

4) 增产效益

项目区内现状主要作物常见蔬菜,项目实施后平均单位面积增产 200 kg/亩,经济价格 4 元/kg,则每年亩均增产效益 800 元。

12.8 附图

详见附图十二。

13 南京市江宁区某滴灌工程

【导语】

项目区设计灌溉面积为222亩,为大棚蔬菜滴灌,选用泵站电气信息化自控装置带有变频模块,取代泵站内的变频控制柜,成本增加不多,但功能更强大,有智能电气测量保护、过程自动化测控、综合信息化管理等多项功能,具有低成本、技术先进、管理方便等特点。工程投资约48万元。

13.1 基本概况

项目区位于南京市江宁区谷里街道,南北长300 m,东西长500 m,总面积约222亩,属于设施大棚蔬菜区,主要种植大棚蔬菜,采用滴灌形式。灌溉水源为项目区内的沟渠、水塘,有补水措施,能保证水源充足。大棚基本沿东西向布置,共118个大棚,单栋大棚宽8 m,棚间距2 m,长度从60~90 m不等。项目区地势较为平缓,土质以黏壤土为主,土层深厚,适合种植蔬菜等经济作物。区内电力供应有保证,可满足灌溉要求。

13.2 灌水器选择

蔬菜的需水量较大,一般2~3天需灌水1次。项目区草莓、叶菜和茄果类换茬种植,本次设计根据草莓、茄果类进行滴灌设计。因大棚长度较长,滴灌灌水器选用单个滴头流量为2 L/h[6.67 L/(h·m)]压力补偿式滴灌带,滴头间距为30 cm,工作水压100 kPa,最大铺设长度125 m(图13.1,图13.2)。滴灌带为PE软管,激光打孔,结实耐用,灌溉均匀性好且性能可靠,易于安装、收起,新型迷宫流道,具有很高的抗堵塞性能,压力损失小,具有自清洗功能,使用寿命4年以上。其技术指标如下(表13.1):

图13.1 滴灌带

图13.2 蔬菜滴灌

表 13.1　灌水器技术指标

规格型号	壁厚（mm）	滴头间距（cm）	工作压力（MPa）	单个滴头流量（L/h）	工作压力范围（MPa）
DGD16150	0.38	30	0.1	2.0	0.05～0.2

13.3 管道布置

田间包括主管道和支管道，管道系统经首部枢纽进入管网。经水力计算采用不同规格的管道，管道材料为 UPVC 和 PE 管，主管埋于地下。主支管沿路边布置，过路时用水泥管或钢管套住保护。由于支管基本沿道路两侧布设，考虑不破坏道路和管理维修方便，支管大部分为单向灌溉。每排棚沿机耕路 1 条支管，每条支管 1 只阀门和压力表，没有分区阀，每棚 1 只阀门，可灵活选择灌水大棚。支管经连接管与大棚内球阀、PE 分水管连接滴灌带。每个大棚布置 8 条滴灌带，实际长度为 60～90 m。每垄布置 1 条，接头为活接头，在换茬、耕作时可方便地收起，延长使用寿命。

根据该片地形地势和种植结构情况，布置干管 1 条，垂直干管布置分干管 2 条，垂直分干管布置支管 8 条，支管上每个大棚（每隔 10 m）布置 1 个球阀。

滴灌泵站设备安装如图 13.3 所示，大棚内灌溉系统布置示意如图 13.4 所示。

图 13.3　滴灌泵站设备安装图

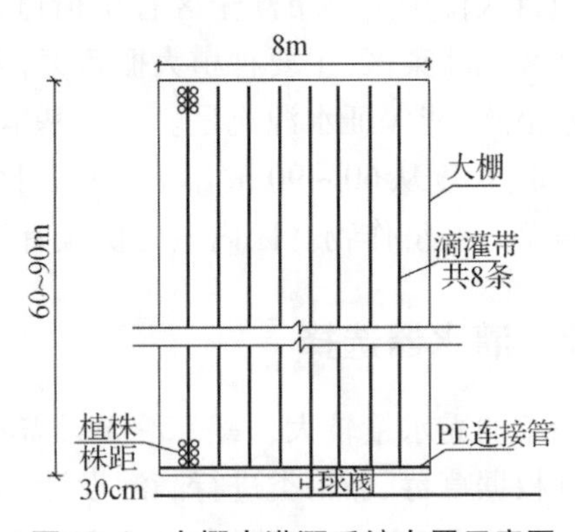

图 13.4　大棚内灌溉系统布置示意图

13.4 设计参数

（1）灌溉设计保证率 95%；

（2）灌溉水有效利用系数 0.95；

（3）设计土壤湿润比 65%；

（4）设计灌水均匀度≥90%；

（5）土壤计划湿润层深度 30 cm；

（6）设计耗水强度 5 mm/d。

13.5 工程设计

13.5.1 灌溉制度

1）设计灌水定额

$$m=0.1\gamma zp(\theta_{max}-\theta_{min})/\eta$$

式中：m——设计灌水定额，mm；

γ——土壤容重，取 1.35 g/cm^3；

z——土壤计划湿润层深度，m；

p——设计土壤湿润比，%；

θ_{max}、θ_{min}——适宜土壤含水率上、下限（占干土重的百分比），最大田间持水量取为27%，适宜土壤含水率上下限百分比取 90% 和 65%，则 $\theta_{max}=24.3\%$，$\theta_{min}=17.55\%$；

η——灌溉水有效利用系数。

经计算：$m=0.1\times1.35\times0.30\times65\times(24.3-17.55)/0.95=18.7$ mm，取 $m=19$ mm。

2）设计灌水周期

$$T=\frac{m\eta}{I_a}$$

式中：T——设计灌水周期，d；

I_a——设计耗水强度，mm/d。

经计算，$T=19\times0.95/5=3.6$ d，取 $T=3$ d。

3）一次灌水延续时间

$$t=\frac{mS_pS_e}{q}$$

式中：t——一次灌水延续时间，h；

S_p——出水孔间距，取 0.3 m；

S_e——毛管间距，取 1 m；

q——灌水器平均流量，取 2 L/h。

经计算：$t=19\times0.3\times1/2=2.85$ h，取 $t=3$ h。

4）轮灌组划分

$$N\leqslant\frac{CT}{t}$$

式中：N——系统允许最大轮灌组数，其值计算后取整；

C——每天工作小时数，取 15 h；

T——灌水周期，d；

t——一次灌水延续时间，h。

经计算，$N \leqslant 12 \times 3/3 = 12$，取 $N = 12$ 组。

为灌溉管理方便，采用轮灌方式，考虑到灌水均匀性，适当按干、支管分片灌溉。

每个大棚由1个球阀供水，总共有118个球阀，则同时工作的球阀118/12＝9.8，即同时工作的球阀数量为9个或10个，具体轮灌制度见表13.2。

表13.2 轮灌制度表

时间		轮灌组
第一天	6:00～9:00	支1的1～9大棚
	9:00～12:00	支2的1～10大棚
	12:00～15:00	支2的11～20大棚
	15:00～18:00	支2的21～22大棚，支3的1～8大棚
第二天	6:00～9:00	支3的9～17大棚
	9:00～12:00	支4的18～28大棚
	12:00～15:00	支5的1～10大棚
	15:00～18:00	支5的11～17大棚，支6的18～20大棚
第三天	6:00～9:00	支6的21～30大棚
	9:00～12:00	支6的31～35大棚，支8的1～5大棚
	12:00～15:00	支8的6～10大棚，支7的11～15大棚
	15:00～18:00	支7的15～24大棚

13.5.2 系统流量及水力计算

计算过程：

（1）先确定毛管、支管道的水力学损失及局部损失，进而由灌水器的正常工作压力要求设定进口压力。

（2）根据地形的高程的参数，选取最不利轮灌组内的最不利地块，从而确定此段主管的沿程损失；向水源方向逐段推导主管道沿程损失至水源。

（3）局部损失按管道沿程损失值10%计算。

（4）首部管道及过滤系统总压力损失按8 m计算。

（5）核实最不利地块和水源（地面）之间的高程。

（6）水泵地面以上扬程：$P = (1) + (2) + (3) + (4) + (5)$。

支2、支3、支4、支5、支6大棚长度90 m，实际灌溉长度按88 m计算；支1大棚长度60 m，实际灌溉长度按58 m计算；支7、支8大棚长度50～90 m不等，为便于计算，平均取60 m，实际灌溉长度按58 m计算。

单个大棚进口流量：

$$Q_{棚(支2、支3、支4、支5、支6)} = 8 \times 88 \times 6.67 = 4696\ \text{L/h} = 4.70\ \text{m}^3/\text{h}$$

$$Q_{棚(支1、支7、支8)} = 8 \times 58 \times 6.67 = 3095\ L/h = 3.10\ m^3/h$$

干管、分干管和支管管径首先用经济管径计算公式初选，最后经水力计算校核确定。采用的经济管径公式如下：

$$D = 1130\sqrt{\frac{Q}{3600v}}$$

式中：D——经济管径，mm；

Q——通过的流量，m^3/h；

v——经济流速，取 1.5 m/s。

干管流量按水泵最大流量计算，1 台水泵共 100 m^3/h，分干管流量按 50 m^3/h 或 100 m^3/h 计算，每次同时有 1 ~2 个分干管工作，这样可减小分干管管径，节省投资(表 13.3)。

表 13.3　管径选择表

管道名称		管长(m)	大棚数量(个)	每棚流量(m^3/h)	管道流量(m^3/h)	经济管径(mm)	外径(mm)	壁厚(mm)	管内径(mm)	备注
支管	支 1	90	9	4.10	36.9	79.0	90	2.8	84.4	
	支 2	240	22	4.70	103.4	91.2	110	3.2	103.6	以 50 m^3/h 计算
	支 3	170	17	4.70	79.9	91.2	110	3.2	103.6	以 50 m^3/h 计算
	支 4	110	11	4.70	51.7	91.2	110	3.2	103.6	以 50 m^3/h 计算
	支 5	170	17	4.70	79.9	91.2	110	3.2	103.6	以 50 m^3/h 计算
	支 6	180	18	4.70	84.6	91.2	110	3.2	103.6	以 50 m^3/h 计算
	支 7	140	14	4.10	57.4	91.2	110	3.2	103.6	以 50 m^3/h 计算
	支 8	100	10	4.10	41.0	83.2	90	2.8	84.4	
分干管	分干管 1	100	—	—	50.0	91.2	110	3.2	103.6	以 50 m^3/h 计算
	分干管 2	215	—	—	100.0	130.0	160	4.0	152.0	以 50 m^3/h 计算
干管		200	—	—	100.0	130.0	160	4.0	152.0	以 50 m^3/h 计算

以最不利点支管支 7 处计算，由下而上推算出干管入口压力及水头损失。

(1) 支管出口压力确定滴灌带进口压力为 100 kPa，即 10 m 水头。

(2) 支管入口压力确定

水头损失计算公式：

$$h_{支f} = \frac{KfFQ^m L}{D^b}$$

式中：K——考虑局部水头损失的系数，取 1.05；

f——摩阻系数；

F——多口系数；

Q——设计流量，m^3/h；

m——流量指数；

D——管内径,mm;

b——管径指数;

L——管长,m。

水力计算如表13.4所示。

表13.4 水力计算表

序号	管长(m)	流量(m^3/h)	经济管径(mm)	外径(mm)	壁厚(mm)	管内径(mm)	沿程水头损失h_f(m)	局部水头损失h_j(m)	总水头损失h_w(m)	流速(m/s)
F-E	58	0.39	8.10	16	0.4	15.2	0.95	0.10	0.96	0.59
E-D	8	4.10	26.3	32	2.5	27.0	0.6	0.60	0.66	1.99
D-C	140	50	91.2	110	3.2	103.6	3.2	0.32	3.52	1.65
C-B	215	100	130	160	4.0	152.0	2.7	0.27	2.97	1.53
B-A	80	100	130	160	4.0	152.0	1.0	0.10	1.10	1.53
									9.21	

13.5.3 机泵选型

水泵设计扬程:

$$H_p = H_m + \sum h_f + \sum h_j + \Delta Z$$

式中:H_p——水泵设计扬程,m;

H_m——主干管入口工作水头,m;

$\sum h_f$——水泵吸水管至管道系统进口之间的管道沿程水头损失之和,m;

$\sum h_j$——水泵吸水管至管道系统进口之间的管道局部水头损失,m;

ΔZ——水泵安装高程与水源水位的高差,m。

水泵净扬程为最低水位至水泵出水管高程差,约2.5 m,管路水头损失按净扬程30%计,即0.8 m,首部枢纽选用反冲洗式砂石过滤器、叠片、网式过滤器和闸阀等水头损失8 m,高程差+1 m,经计算:H_p = 9.21 + 2.5 + 0.8 + 8 + 10 + 1 = 31.51 m

根据流量103.4 m^3/h和扬程31.51 m,选择100ZX100-40自吸式离心泵1台,吸程6 m,设计流量100 m^3/h,设计扬程40 m,配套电机功率18.5 kW。

13.6 附属设施

1)过滤设备

考虑到项目区为塘坝供水,水质一般,泥沙含量不大,但有机物和其他杂质较多,在泵站处建引水渠道,并设有拦污栅,同时选用介质过滤器、叠片过滤器和网式过滤器的组合,流量100 m^3/h,过滤精度为150目,确保系统不堵塞。

2)施肥设备

由于施肥次数多,施肥利用水泵吸入的方式,价格低,好维护,简单实用。

3）水泵控制设备

项目区水泵用变频器控制，变频器带有压力传感器，能实现恒压供水，在误操作时能有效保护水泵和管道不损坏，且保证灌水均匀、省电。本项目选用泵站电气信息化自控装置带有变频模块，可取代泵站内的变频控制柜，成本增加不多，但功能更强大，有智能电气测量保护、智能过程自动化测控、综合自动化和信息化管理等多项功能，具有低成本、技术先进、管理方便等特点。每台水泵配置1套控制系统，既可以在泵内实现手动/自动控制，还可以远程监测和控制（图13.5）。

图13.5　泵站电气信息化自控装置

13.7 主要工程量

主要工程量如表13.5所示。

表13.5　主要工程量表

序号	名称	规格	单位	数量
一	管道及配件工程			
1	PVC-U 管	DN160/0.63 MPa	m	450
2	PVC-U 管	DN110/0.63 MPa	m	1200
3	PVC-U 管	DN90/0.63 MPa	m	240
4	PVC-U 管	DN75/0.63 MPa	m	12
5	PVC-U 管	DN63/0.63 MPa	m	36
6	PVC-U 管	DN50/0.8 MPa	m	24
7	PVC-U 管	DN32/1.0 MPa	m	320
8	PVC-U 管	DN20/1.25 MPa	m	20
14	PVC-U 配件		套	1
15	压力表及接头	0.4 MPa	只	10
16	压力补偿滴灌带	DN16,0.38 mm,2 L/h	m	80 000
17	滴灌带旁通	Φ16	只	1000
18	PE 管	DN32/0.4 MPa	m	1200
19	PE 管道配件	Φ32	只	140
二	泵站工程			
1	水泵、电机安装及土建工程	100ZX100-40	台套	1

13.8 工程效益

通过滴灌工程的实施，灌溉水有效利用系数由目前的0.62提高到0.95。

13.9 附图

详见附图十三。

14 连云港市赣榆区某小管出流灌溉工程

【导语】

项目区设计灌溉面积为250亩，土地已流转过，通过小管出流的方式，主要为猕猴桃提供灌溉用水，工程投资约79万元。整体设计科学合理，节水节地，能够有效提升猕猴桃品质，具有良好的经济社会效应。该设计在丘陵山区具有很好的推广价值。

14.1 基本概况

项目区位于连云港市赣榆区黑林镇，属丘陵山区地形，地势起伏变化大，坡耕地较多，土质类型为沙壤土、棕壤土和棕潮土、风化片麻岩等。目前土地已经流转，为种植大户所有。灌溉水源为陈旦头水库，水源稳定，水质良好，通过新建泵站提水灌溉。项目区交通便利，电力供应有保障。选择地块约250亩，种植作物为猕猴桃。

14.2 灌水器选择

猕猴桃行距为4 m，株距为3 m，为中等间距果树，通过安装稳流器引出小管进行灌溉。稳流器设计流量为30 L/h，间距为3 m，工作压力为0.05 ~ 0.35 MPa。从稳流器引出小管出流器(管径DN4)。

14.3 管道布置

项目区内干管1条、分干管4条、支管30条以及毛管。通过泵站提水至干管，干管沿南北方向布置。分干管基本垂直于干管布置，长度为290 ~ 540 m。支管基本垂直于分干管布置，长度为35 ~ 90 m，单根支管(长L)控制INT(L/4)对毛管。毛管沿着种植方向单线布置，分布在支管两侧，呈“丰”字形。猕猴桃种植模式采用300 cm × 400 cm，每行作物布置1条DN20PE毛管，铺设间距4.0 m。每株猕猴桃树处采用打孔器在毛管上打孔，安装稳流器，布置一个出流器，单根毛管(长L)上的稳流器数为INT(L/3)。

14.4 设计参数

(1) 灌溉设计保证率85%；

（2）灌溉水有效利用系数0.90；

（3）设计耗水强度4 mm/d；

（4）设计土壤湿润比30%；

（5）土壤计划湿润层深度60 cm；

（6）设计日工作小时数20 h。

14.5 工程设计

14.5.1 灌溉制度

1）设计灌水定额

$$m = 0.1\gamma zp(\theta_{max} - \theta_{min})/\eta$$

式中：m——设计灌水定额，mm；

γ——土壤容重，取1.40 g/cm^3；

z——土壤计划湿润层深度，cm；

p——设计土壤湿润比，%；

θ_{max}——适宜土壤含水率上限，取22%；

θ_{min}——适宜土壤含水率下限，取16%；

η——灌溉水有效利用系数。

经计算：$m = 16.8$ mm，取17 mm。

2）设计灌水周期

$$T = \frac{m\eta}{I_a}$$

式中：T——灌水周期，d；

I_a——设计耗水强度，mm/d。

经计算：$T = 3.83$ d，取$T = 4$ d。

3）一次灌水延续时间

$$t = \frac{mS_eS_1}{q}$$

式中：t——一次灌水延续时间，h；

S_e——稳流器间距，取3.0 m；

S_1——种植行距，取4.0 m；

q——稳流器流量，取30 L/h。

经计算：$t = 6.8$ h。

4）灌水小区设计

因地形条件限制，毛管最大长度不大于80 m。

5）工作制度

灌溉系统轮灌组数：

$$N \leqslant \frac{CT}{t}$$

式中:N——轮灌组数目,以个表示,其值计算后取整;

C——系统日运行小时数,取 20 h;

T——灌水周期,d;

t——一次灌水延续时间,h。

经计算:$N \leqslant 11.76$,取 $N=5$。

根据项目区地形条件,整个项目区设计一套相对独立的小管出流灌溉系统,一个轮灌组工作时间为 6.8 h,一天工作时间 20 h,具体的轮灌组划分如表 14.1 所示。

表 14.1 轮灌组划分情况表

轮灌组	支管名称	轮灌组流量(m^3/h)
第一组	支管 1.1 ~ 1.4,支管 2.1 ~ 2.2	69.93
第二组	支管 1.5 ~ 1.9,支管 2.3	69.74
第三组	支管 2.4 ~ 2.7,支管 3.1 ~ 3.2	68.35
第四组	支管 2.8 ~ 2.11,支管 3.3 ~ 3.4	67.10
第五组	支管 3.5 ~ 3.7,支管 4.1 ~ 4.4	77.70

14.5.2 管网设计流量计算

1)毛管设计流量

单根长度 L 的毛管需安装稳流器的个数为 $INT(L/3)$,则单根毛管设计流量:

$$Q_{毛} = N'q = INT(L/3) \times 30$$

式中:$Q_{毛}$——毛管设计流量,m^3/h;

$INT(\quad)$——将括号内实数舍去小数成整数;

N'——稳流器数目。

2)支管设计流量

支管设计流量等于支管上同时工作的毛管设计流量之和,即:

$$Q_{支} = Q_{毛} N_{毛} = INT(L_{毛}/3) \times 30 \times INT(L_{支}/4)$$

式中:$Q_{支}$——支管设计流量,m^3/h;

$N_{毛}$——同时工作的毛管数。

3)分干管设计流量

$$Q_{分干管} = \sum Q_{支}$$

式中:$Q_{分干管}$——分干管设计流量,m^3/h。

4)干管设计流量

干管设计流量为该灌溉系统的设计流量,即为各轮灌组流量的最大值,即干管设计流量为 77.70 m^3/h。各级管道设计流量推算见表 14.2。

表 14.2 各级管道设计流量推算表

序号	管道名称	管长(m)	一对毛管平均长度(m)	设计流量(m^3/h)
1	支管 1.1	65	65	11.05
2	支管 1.2	55	75	10.73
3	支管 1.3	55	85	12.10
4	支管 1.4	50	100	12.88
5	支管 1.5	40	115	11.80
6	支管 1.6	35	125	11.20
7	支管 1.7	30	140	10.73
8	支管 1.8	30	150	11.48
9	支管 1.9	35	145	12.95
10	支管 2.1	45	100	11.59
11	支管 2.2	45	100	11.59
12	支管 2.3	45	100	11.59
13	支管 2.4	45	100	11.59
14	支管 2.5	45	100	11.59
15	支管 2.6	45	100	11.59
16	支管 2.7	45	100	11.59
17	支管 2.8	45	100	11.59
18	支管 2.9	60	75	11.70
19	支管 2.10	80	55	11.60
20	支管 2.11	95	40	10.21
21	支管 3.1	50	85	11.00
22	支管 3.2	50	85	11.00
23	支管 3.3	50	85	11.00
24	支管 3.4	50	85	11.00
25	支管 3.5	50	85	11.00
26	支管 3.6	50	85	11.00
27	支管 3.7	45	90	10.46
28	支管 4.1	85	50	11.26
29	支管 4.2	70	65	11.90
30	支管 4.3	60	75	11.70
31	支管 4.4	50	80	10.38
32	分干管 1($\sum$ 支管 1.5 ~ 1.9)	385		58.15
33	分干管 2($\sum$ 支管 2.4 ~ 2.7)	540		46.35
34	分干管 3($\sum$ 支管 3.1 ~ 3.4)	310		44.00
35	分干管 4($\sum$ 支管 4.1 ~ 4.4)	230		45.24
36	干管			77.70

14.5.3 管道设计

系统水力计算采用主线计算,为最高最远线。所有管材均采用 PE 管。

1)毛管

毛管采用规格为 DN20 的 PE 管。

2)支管

$$d_{支}=13\sqrt{Q_{支}}$$

式中:$d_{支}$——支管内径,mm;

$Q_{支}$——支管设计流量,m^3/h。

表 14.3 支管管径计算表

支管序号	管长(m)	设计流量(m^3/h)	设计直径(mm)	选取直径(mm)	公称压力(MPa)	壁厚(mm)	管内径(mm)
支管 1.1	65	11.05	43.21	63	1.25	4.7	53.6
支管 1.2	55	10.73	42.57	63	1.25	4.7	53.6
支管 1.3	55	12.10	45.22	63	1.25	4.7	53.6
支管 1.4	50	12.88	46.65	63	1.25	4.7	53.6
支管 1.5	40	11.80	44.66	63	1.25	4.7	53.6
支管 1.6	35	11.20	43.51	63	1.25	4.7	53.6
支管 1.7	30	10.73	42.57	63	1.25	4.7	53.6
支管 1.8	30	11.48	44.04	63	1.25	4.7	53.6
支管 1.9	35	12.95	46.78	63	1.25	4.7	53.6
支管 2.1	45	11.59	44.25	63	1.25	4.7	53.6
支管 2.2	45	11.59	44.25	63	1.25	4.7	53.6
支管 2.3	45	11.59	44.25	63	1.25	4.7	53.6
支管 2.4	45	11.59	44.25	63	1.25	4.7	53.6
支管 2.5	45	11.59	44.25	63	1.25	4.7	53.6
支管 2.6	45	11.59	44.25	63	1.25	4.7	53.6
支管 2.7	45	11.59	44.25	63	1.25	4.7	53.6
支管 2.8	45	11.59	44.25	63	1.25	4.7	53.6
支管 2.9	60	11.70	44.47	63	1.25	4.7	53.6
支管 2.10	80	11.60	44.28	63	1.25	4.7	53.6
支管 2.11	95	10.21	41.54	63	1.25	4.7	53.6
支管 3.1	50	11.00	43.12	63	1.25	4.7	53.6
支管 3.2	50	11.00	43.12	63	1.25	4.7	53.6
支管 3.3	50	11.00	43.12	63	1.25	4.7	53.6

续表

支管序号	管长（m）	设计流量（m^3/h）	设计直径（mm）	选取直径（mm）	公称压力（MPa）	壁厚（mm）	管内径（mm）
支管 3.4	50	11.00	43.12	63	1.25	4.7	53.6
支管 3.5	50	11.00	43.12	63	1.25	4.7	53.6
支管 3.6	50	11.00	43.12	63	1.25	4.7	53.6
支管 3.7	45	10.46	42.05	63	1.25	4.7	53.6
支管 4.1	85	11.26	43.63	63	1.25	4.7	53.6
支管 4.2	70	11.90	44.85	63	1.25	4.7	53.6
支管 4.3	60	11.70	44.47	63	1.25	4.7	53.6
支管 4.4	50	10.38	41.87	63	1.25	4.7	53.6

3）分干管

$$d_{分干} = 13\sqrt{Q_{分干}}$$

式中：$d_{分干}$——分干管内径，mm；

$Q_{分干}$——分干管设计流量，m^3/h。

分干管管径计算见表 14.4。

表 14.4　分干管管径计算表

分干管编号	管长（m）	设计流量（m^3/h）	设计直径（mm）	选取直径（mm）	公称压力（MPa）	壁厚（mm）	管内径（mm）
1	385	58.15	99.13	110	0.6	4.2	101.6
2	540	46.35	88.51	110	0.6	4.2	101.6
3	310	44.00	86.23	110	0.6	4.2	101.6
4	230	45.24	87.44	110	0.6	4.2	101.6

4）干管

$$d_{干} = 13\sqrt{Q_{干}}$$

式中：$d_{干}$——主干管内径，mm；

$Q_{干}$——主干管设计流量，m^3/h。

干管管径计算见表 14.5。

表 14.5　干管管径计算表

管段	管长（m）	设计流量（m^3/h）	设计直径（mm）	选取直径（mm）	公称压力（MPa）	壁厚（mm）	管内径（mm）
OA	230	77.70	114.59	160	0.6	6.2	147.6
AB	55	77.70	114.59	160	0.6	6.2	147.6
BC	95	77.70	114.59	160	0.6	6.2	147.6
CD	80	77.70	114.59	160	0.6	6.2	147.6

14.5.4 水力计算

1）稳流器工作压力

稳流器设计工作压力为0.1 MPa。

2）水头损失

为保证后期实施的北部小管出流灌溉系统正常运行，毛管长度取80 m进行水力计算。

管道沿程水头损失：

$$h_f = f\frac{Q^m}{D^b}L$$

式中：h_f——管道沿程水头损失，m；

Q——管道的设计流量，m^3/h；

L——管长，m；

D——管内径，mm；

f——管材摩阻系数，取 0.948×10^5；

m——流量指数，取1.77；

b——管径指数，取4.77。

对于等距、等流量出流的多孔管，沿程水头损失按下式计算：

$$h'_f = Fh_f$$

$$F = \frac{N\left(\frac{1}{m+1} + \frac{1}{2N} + \frac{\sqrt{m-1}}{6N^2}\right) - 1 + X}{N - 1 + X}$$

式中：h'_f——多孔口沿程水头损失，m；

F——多口系数；

N——出流孔口数；

X——多孔管首孔位置系数，即多孔管入口至第一个出流孔管口的距离与各出流孔口间距之比。

① 毛管水头损失

毛管为等距、等流量出流的多孔管，管长80 m，孔间距3 m，则孔数为80/3 = 26.67，取27个，毛管流量为 $Q_{毛} = 27 \times 30 = 810$ L/h，经计算，$F = 0.382$，$h'_f = 4.34$ m。

局部水头损失按沿程水头损失10%计算，则毛管总水头损失 $h_{毛} = 1.1 \times 4.34 = 4.77$ m。

② 支管、分干管、干管水头损失

计算支管、分干管、干管水头损失可不考虑多口系数的影响。

局部水头损失按沿程水头损失10%计算。各级管道水头损失计算见表14.6。

表14.6 各级管道水头损失计算表

区间	流量 (m^3/h)	长度 (m)	选用管径 (mm)	管内径 (mm)	沿程水头损失 h_f(m)	局部水头损失 h_j(m)	总水头损失 h_w(m)
毛管	0.81	80	20	15.40	4.34	0.43	4.77
支管	16.00	80	63	53.60	5.62	0.56	6.19
干管OD段	77.70	460	160	147.60	4.18	0.42	4.60
合计					14.14	1.41	15.56

③ 首部水头损失

选用离心过滤器与网式过滤器组合,水头损失按 10 m 计。

14.5.5 机泵选型

项目区新建节水灌溉泵站,泵站位于陈旦头水库岸边。水泵扬程:

$$H_p = H_0 + Z_0 - Z_d + \sum h_{f,0} + \sum h_{j,0}$$

式中:H_p——灌溉系统水泵的设计扬程,m;

H_0——管道系统设计工作水头,取 10.0 m;

Z_0——管道系统进口高程,取 53.50 m;

Z_d——泵站前池水位或机井动水位,取 70.0 m;

$\sum h_{f,0}$——水泵吸水管进口至管道系统进口之间的管道沿程水头损失,m;

$\sum h_{j,0}$——水泵吸水管进口至管道系统进口之间的管道局部水头损失,m。

$\sum h_{f,0} + \sum h_{j,0} = 15.56$ m,经计算:$H_p = 52.06$ m。

根据流量 77.70 m^3/h 和扬程 52.06 m,同时考虑到水库水位变化幅度较大,选用 200QJ80-66 型潜水泵 2 台,单机流量 80 m^3/h,扬程 66 m,一用一备,配套 YQS200-22 型电机 2 台,单机功率 22 kW。

14.6 附属设施

水源泵站内部设置电磁流量计,同时为保证供水管网压力和流量稳定,水泵电机采用变频调速控制。

灌溉水源以水库,藻类含量稍高,需要过滤。根据系统设计流量,选择 SF3002 型砂石过滤器 + WSZ-150 型网式过滤器,过水流量均为 85 m^3/h。

本次设计采用 PE 管材,根据《微灌工程技术规范》(GB/T50485—2009),可不进行水锤压力验算,设置空气阀以及缓闭止回阀来减小水锤压力的影响。

14.7 主要工程量

主要工程量如表 14.7 所示。

表 14.7 主要工程量表

序号	名称	规格	单位	数量
一	管道及配件工程			
1	PE 管安装	DN63/0.8 MPa	m	1600
2		DN110/0.6 MPa	m	1465
3		DN160/0.8 MPa	m	460
4	毛管	DN20	m	35795

续表

序号	名称	规格	单位	数量
5	出流小管	DN4	m	26240
6	稳流器	30 L/h	个	11930
7	管道配件		个	81
8	小管出流管道配件安装		项	1
二	泵站工程			
1	潜水泵等电气	200QJ80-66(2台)	项	1

14.8 工程效益

1）节水效益

工程实施面积250亩,灌溉水利用系数将由现状0.53提高到0.90,平均每亩年节约用水量150 m^3,年节水2.9万 m^3。

2）灌溉增产效益

工程实施后,改善灌溉面积250亩。根据类似工程,建成后,平均增产产量90 kg/亩。

3）省工效益

实施高效节水灌溉,可大大减少灌溉用劳力,根据经验测算,每亩每年平均可节省人工10工日,现实施面积为250亩,年节省8500工日。

4）省电效益

泵站采用变频恒压供水,比传统供水方式能节能30%~60%。

14.9 附图

详见附图十四。

15 连云港市赣榆区某喷灌工程

【导语】

项目区属丘陵山区，设计灌溉面积300亩，种植蓝莓。灌溉水源为区内塘坝，采用喷灌的方式为果树供水，工程投资98万元。项目区为Ⅱ度缺水地区，工程实施后达到了节水节工效益，能够有效提升蓝莓的品质，给种植户带来较高的收益，具有较好的典型示范作用。

15.1 基本概况

项目区为丘陵地带果园，属于赣榆区特色水果产业园区，位于富林村东南侧，北邻陈旦头水库，南靠石门沟水库，境内大部分属典型的丘陵山区，地势起伏变化大，坡耕地较多，土壤类型主要为沙壤土。项目区内有塘坝，水源稳定，水质良好，交通便利，电力供应有保障。

15.2 管道布置

从塘坝经泵站加压，由输水干管向分干管输水，再经支管输送到每个喷头进行喷灌，喷头的布置采用正方形组合。干管、分干管及支管全部为PE100级管道。支管间距20 m，喷头间距20 m。竖管采用Φ32镀锌钢管，高出地面1.5 m。

根据种植作物和土壤质地情况，选用ZY-2H型全圆摇臂式喷头，喷头采用正方形组合，全圆喷洒，喷头间距20 m，灌溉系统共设置351个喷头（图15.1，表15.1）。

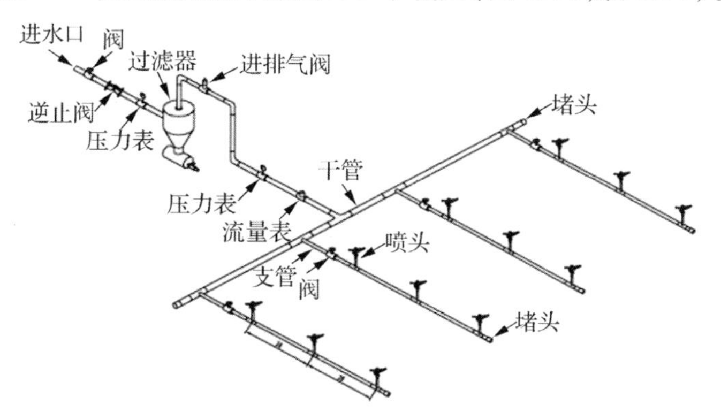

图15.1　喷灌系统组成示意图

表 15.1　喷头性能参数表

喷头型号	接口外径(mm)	喷嘴直径(mm)	工作压力(MPa)	喷水量(m^3/h)	射程(m)	喷洒方式
ZY-2H	33	8.0/3.1	0.3	4.81	20.4	全圆周

1）喷灌强度校核

$$\rho = \frac{1000q\eta}{S_{有效}}$$

式中：ρ——喷灌强度，mm/h；

q——喷头流量，m^3/h；

η——喷洒水利用系数；

$S_{有效}$——单个喷头的有效湿润面积，m^2。

经计算：$\rho = 1000 \times 4.81 \times 0.9/(20 \times 20) = 10.8$ mm/h < 15 mm/h（沙壤土允许强度），满足规范要求。

2）雾化指标

$$w_h = \frac{h_p}{d}$$

式中：w_h——喷灌的雾化指标；

h_p——喷头工作压力水头，m；

d——喷头主喷嘴直径，m。

经计算：$w_h = 30/0.008 = 3750$，满足蓝莓雾化指标（3000～4000）要求。

15.3　设计参数

（1）灌溉设计保证率90%；

（2）灌溉水有效利用系数0.85；

（3）土壤计划湿润层深度50 cm；

（4）设计耗水强度5.0 mm/d。

15.4　工程设计

15.4.1　灌溉制度

1）设计灌水定额

$$m = 0.1\gamma h(\theta_{max} - \theta_{min})/\eta$$

式中：m——设计灌水定额，mm；

γ——土壤容重，g/cm^3，取1.45 g/cm^3；

h——土壤计划湿润层深度，cm；

θ_{max}——适宜土壤含水量上限，取田间持水率90%；

θ_{min}——适宜土壤含水率下限，取田间持水率70%；

η——灌溉水有效利用系数。

田间持水率为22%，经计算：$m=0.1\times1.45\times50\times(0.90-0.70)\times22/0.85=37.53$ mm，取38.0 mm。

2）设计灌水周期

$$T=\frac{m}{E_a}$$

式中：T——灌水周期，d；

E_a——设计耗水强度，mm/d；

m——设计灌水定额，mm；

η——灌溉水有效利用系数。

经计算：$T=38.0/5.0=7.6$，取 $T=8$ d。

3）一个工作位置的灌水时间

$$t=\frac{mab}{1000q_p\eta_p}$$

式中：t——一个工作位置的灌水时间，h；

m——设计灌水定额，mm；

a——喷头布置间距，m；

b——支管布置间距，m；

q_p——喷头设计流量，m^3/h；

η_p——田间喷洒水利用系数。

经计算：$t=38.0\times20\times20/(1000\times4.81\times0.9)=3.51$ h，即喷头在工作点上的喷洒时间为3.51 h。

4）工作制度

采用干管续灌、支管轮灌的方式进行灌溉。

最大允许轮灌组数：

$$N=\frac{TC}{t}$$

式中：N——最大轮灌组数；

C——日喷灌系统有效工作小时数，h，取12 h；

t——一个工作位置灌水时间，h。

经计算：$N=8\times12/3.51=27.35$，取 $N=27$，即最大轮灌组数为27组。

该灌溉系统351个喷头，划分20个轮灌组灌溉（表15.2）。

表15.2 轮灌组划分情况表

轮灌组	支管名称	喷头数	轮灌组	支管名称	喷头数
1	1.1,1.3	20	4	1.7,1.13	15
2	1.2,1.4	20	5	1.8,1.12	16
3	1.5,1.6	18	6	1.9,1.14	17

续表

轮灌组	支管名称	喷头数	轮灌组	支管名称	喷头数
7	1.10	15	14	4.1—4.3	15
8	1.11	15	15	4.4—4.8	15
9	2.1—2.6	20	16	5.1—5.2	15
10	2.7—2.9,3.1	18	17	5.3—5.7	19
11	3.2,3.7,3.8	18	18	6.1—6.4	19
12	3.3,3.9,3.10	19	19	6.5—6.7	19
13	3.4,3.5,3.6	20	20	6.8—6.10	18

15.4.2　管网设计流量计算

1）支管设计流量与管径选择(表15.3)

支管设计流量为支管上同时工作的喷头设计流量和:

$$Q_{支} = q_p N_{喷}$$

$$d_{支} = 13\sqrt{Q_{支}}$$

式中:$d_{支}$——支管内径,mm;

$Q_{支}$——支管设计流量,m^3/h。

表15.3　支管流量与管径推算表

支管序号	管长(m)	喷头数(个)	流量(m^3/h)	计算直径(mm)	选取直径(mm)	公称压力(MPa)	壁厚(mm)	管内径(mm)
支管1.1	145	8	38.48	80.64	90	0.8	4.3	81.4
支管1.2	145	8	38.48	80.64	90	0.8	4.3	81.4
支管1.3	230	12	57.72	98.77	110	0.6	4.2	101.6
支管1.4	230	12	57.72	98.77	110	0.6	4.2	101.6
支管1.5	230	12	57.72	98.77	110	0.6	4.2	101.6
支管1.6	115	6	28.86	69.84	75	1.0	4.5	66.0
支管1.7	230	9	43.29	85.53	90	0.8	4.3	81.4
支管1.8	235	12	57.72	98.77	110	0.6	4.2	101.6
支管1.9	235	12	57.72	98.77	110	0.6	4.2	101.6
支管1.10	295	15	72.15	110.42	125	0.8	6.0	113.0
支管1.11	295	15	72.15	110.42	125	0.8	6.0	113.0
支管1.12	55	4	19.24	57.02	75	1.0	4.5	66.0
支管1.13	115	6	28.86	69.84	90	0.8	4.3	81.4
支管1.14	95	5	24.05	63.75	75	1.0	4.5	66.0

续表

支管序号	管长（m）	喷头数（个）	流量（m^3/h）	计算直径（mm）	选取直径（mm）	公称压力（MPa）	壁厚（mm）	管内径（mm）
支管 2.1	90	4	19.24	57.02	75	1.0	4.5	66.0
支管 2.2	90	4	19.24	57.02	75	1.0	4.5	66.0
支管 2.3	60	3	14.43	49.38	63	1.25	4.7	53.6
支管 2.4	45	2	9.62	40.32	63	1.25	4.7	53.6
支管 2.5	45	3	14.43	49.38	63	1.25	4.7	53.6
支管 2.6	75	4	19.24	57.02	75	1.0	4.5	66.0
支管 2.7	80	4	19.24	57.02	75	1.0	4.5	66.0
支管 2.8	90	5	24.05	63.75	75	1.0	4.5	66.0
支管 2.9	95	5	24.05	63.75	75	1.0	4.5	66.0
支管 3.1	65	4	19.24	57.02	75	1.0	4.5	66.0
支管 3.2	75	4	19.24	57.02	75	1.0	4.5	66.0
支管 3.3	95	5	24.05	63.75	75	1.0	4.5	66.0
支管 3.4	115	6	28.86	69.84	90	0.8	4.3	81.4
支管 3.5	125	7	33.67	75.43	90	0.8	4.3	81.4
支管 3.6	130	7	33.67	75.43	90	0.8	4.3	81.4
支管 3.7	130	7	33.67	75.43	90	0.8	4.3	81.4
支管 3.8	130	7	33.67	75.43	90	0.8	4.3	81.4
支管 3.9	135	7	33.67	75.43	90	0.8	4.3	81.4
支管 3.10	135	7	33.67	75.43	90	0.8	4.3	81.4
支管 4.1	95	5	24.05	63.75	63	1.25	4.7	53.6
支管 4.2	90	5	24.05	63.75	63	1.25	4.7	53.6
支管 4.3	85	5	24.05	63.75	63	1.25	4.7	53.6
支管 4.4	75	4	19.24	57.02	63	1.25	4.7	53.6
支管 4.5	65	4	19.24	57.02	63	1.25	4.7	53.6
支管 4.6	35	2	9.62	40.32	63	1.25	4.7	53.6
支管 4.7	50	3	14.43	49.38	63	1.25	4.7	53.6
支管 4.8	35	2	9.62	40.32	63	1.25	4.7	53.6
支管 5.1	150	8	38.48	80.64	90	0.8	4.3	81.4
支管 5.2	130	7	33.67	75.43	90	0.8	4.3	81.4
支管 5.3	105	6	28.86	69.84	90	0.8	4.3	81.4
支管 5.4	75	4	19.24	57.02	63	1.25	4.7	53.6
支管 5.5	60	3	14.43	49.38	63	1.25	4.7	53.6

续表

支管序号	管长（m）	喷头数（个）	流量（m^3/h）	计算直径（mm）	选取直径（mm）	公称压力（MPa）	壁厚（mm）	管内径（mm）
支管5.6	50	3	14.43	49.38	63	1.25	4.7	53.6
支管5.7	45	3	14.43	49.38	63	1.25	4.7	53.6
支管6.1	80	4	19.24	57.02	63	1.25	4.7	53.6
支管6.2	85	5	24.05	63.75	63	1.25	4.7	53.6
支管6.3	95	5	24.05	63.75	63	1.25	4.7	53.6
支管6.4	100	5	24.05	63.75	63	1.25	4.7	53.6
支管6.5	110	6	28.86	69.84	75	1.0	4.5	66.0
支管6.6	115	6	28.86	69.84	75	1.0	4.5	66.0
支管6.7	125	7	33.67	75.43	75	1.0	4.5	66.0
支管6.8	130	7	33.67	75.43	75	1.0	4.5	66.0
支管6.9	110	6	28.86	69.84	75	1.0	4.5	66.0
支管6.10	90	5	24.05	63.75	63	1.25	4.7	53.6

2）分干管设计流量与管径选择(表15.4)

分干管设计流量为各轮灌组同时工作支管流量之和最大值：

$$Q_{分干} = \sum Q_{支}$$

$$d_{分干} = 13\sqrt{Q_{分干}}$$

表15.4　分干管流量与管径推算表

管段	管长（m）	流量（m^3/h）	计算直径（mm）	选取直径（mm）	公称压力（MPa）	壁厚（mm）	管内径（mm）
CK段	190	96.20	127.51	160	0.8	7.7	144.6
DI段	210	96.20	127.51	160	0.8	7.7	144.6
EJ段	60	96.20	127.51	160	0.8	7.7	144.6
FH段	210	91.39	124.28	160	0.8	7.7	144.6
FG段	285	72.15	110.42	160	0.8	7.7	144.6

3）干管设计流量与管径选择(表15.5)

干管设计流量为各轮灌组流量的最大值,干管管径按经验公式计算：

$$d_{干} = 13\sqrt{Q_{干}}$$

表15.5　干管流量与管径推算表

干管区间	管长（m）	流量（m^3/h）	计算直径（mm）	选取直径（mm）	公称压力（MPa）	壁厚（mm）	管内径（mm）
OA	65	96.20	127.51	160	1.0	9.5	141.0
AB	260	96.20	127.51	160	1.0	9.5	141.0

续表

干管区间	管长（m）	流量（m^3/h）	计算直径（mm）	选取直径（mm）	公称压力（MPa）	壁厚（mm）	管内径（mm）
BD	85	96.20	127.51	160	1.0	9.5	141.0
DE	90	96.20	127.51	160	1.0	9.5	141.0
BF	195	91.39	124.28	160	1.0	9.5	141.0

15.4.3 水力计算

系统水力计算选择最不利的管线进行计算，即计算支管1.1首部喷头至管网入口水头压力，具体过程如下。

沿程水头损失：

$$h_f = f\frac{Q^m}{D^b}LF$$

式中：h_f——沿程水头损失，m；

f——摩阻系数；

Q——管道流量，m^3/h；

D——管内径，mm；

L——管长，m；

m——流量指数；

b——管径系数；

F——多口系数。

多口系数计算公式如下：

$$F = \frac{N\left(\dfrac{1}{m+1} + \dfrac{1}{2N} + \dfrac{\sqrt{m-1}}{6N^2}\right) - 1 + X}{N - 1 + X}$$

式中：N——出流孔口数；

X——多孔管首孔位置系数。

局部水头损失：按沿程水头损失10%计。

1）竖管水头损失

竖管采用DN32镀锌钢管，埋深0.7 m，高出地面1.5 m。根据规范，取$f=6.25\times10^5$，$m=1.90$，$b=5.10$，经计算：

$$h_{f竖} = 6.25\times10^5 \times \frac{4.81^{1.90}}{32^{5.10}} \times 2.2 \times 1.0 = 0.57\ \text{m}$$

$$h_{竖} = (1+10\%)\ h_{f竖} = 1.1\times0.57 = 0.63\ \text{m}$$

2）分干管水头损失

$$h_{f分干} = 0.948\times10^5 \times \frac{96.2^{1.77}}{144.6^{4.77}} \times 280 = 4.27\ \text{m}$$

$$h_{分干} = (1+10\%)\ h_{f分干} = 1.1\times4.27 = 4.70\ \text{m}$$

3）干管水头损失

$$h_{f干}=0.948\times10^{5}\times\frac{96.2^{1.77}}{141^{4.77}}\times335=5.76\ \text{m}$$

$$h_{干}=(1+10\%)h_{f干}=1.1\times4.275.76=6.34\ \text{m}$$

管道总水头损失：$h=h_{竖}+h_{分干}+h_{干}=0.63+4.70+6.34=11.67$ m。

15.4.4　机泵选型

项目区新建灌溉泵站，泵站位于区内塘坝边上。水泵设计扬程：

$$H_p=Z_p-Z_b+\sum h+H_0+H_{首}$$

式中：H_p——灌溉系统水泵的设计扬程，m；

H_0——喷头设计水头，取 30.0 m；

Z_p——喷头高程，取 93.05 m；

Z_b——水源进口高程，取 66.50 m；

$\sum h$——管路总水头损失，m；

$H_{首}$——首部系统水头损失，取 10.0 m。

经计算：$H_p=93.05-66.50+30.0+11.67+10.0=78.22$ m。

根据水泵扬程 78.22 m 和流量 96.2 m^3/h，选用 250QJ100-90 型潜水电泵 2 台，流量 100 m^3/h，扬程 90 m，配 2 台 YQS250-37 型电机，电机功率 37 kW，一用一备。

15.5 附属设施

1）量水设备和恒压变频装置

泵站内部安装电磁流量计，以实现计划用水，按量计征水费。同时为保证供水管网压力和流量稳定，水泵电机采用变频调速控制。

2）过滤器

灌溉水源为塘坝，藻类含量稍高，需设置过滤器。选择砂石过滤器 + 网式过滤器，根据系统设计流量，砂石过滤器选用 HWSF2803 型，过水流量 115 m^3/h，网式过滤器选用 HW-WS303 型，过水流量 160 m^3/h。

3）安全保护

为保证整个管网系统的安全运行，通过计算关闭闸阀历时以防止直接水锤发生。

（1）锤波传播速度（表 15.6）

$$a=\frac{1425}{\sqrt{1+\frac{KD}{Ee}}}$$

式中：a——水锤波传播速度，m/s；

D——管径，m；

K——水的体积弹性模数，取 2.025 GPa；

E——管道材料的纵向弹性模数，$E=2.8\sim3$ GPa，取 2.9 GPa；

e——管壁厚度，m。

表 15.6 水锤传播速度计算表

管道名称	管长(m)	管径(mm)	壁厚(mm)	传播速度(m/s)
支管 1.1	145	90	4.3	360.61
分干管 CK 段	280	160	7.7	361.84
主干管 AC	335	160	7.7	361.84

经计算:水锤波的平均传播速度为 361.60 m/s。

(2) 水锤类型判别(塑料管可不算)

水锤相时:

$$T_t = \frac{2L}{a}$$

式中:T_t——水锤相时,水锤波在管道中来回传播一次所需的时间,s;

L——管长,m,取 760 m;

a——水锤波传播速度,m/s。

经计算:$T_t = 2 \times \frac{760}{361.60} = 4.20$ s。

当闸阀全开、全关时间 $T \leqslant 4.20$ s 时,发生直接水锤;当闸阀全开、全关时间 $T \geqslant 4.20$ s 时,发生间接水锤。

(3) 水锤压力计算

直接水锤:

$$H_d = \frac{av_0}{g}$$

式中:H_d——直接水锤水头,m;

a——水锤波传播速度,m/s;

v_0——阀门前水的流速。

经计算:$H_d = \frac{361.60 \times \left(\frac{4 \times 100/3600}{3.14 \times 0.145^2}\right)}{9.8} = 62.10$ m

瞬时完全关闭管道末端阀门时,在阀前产生的最大压力水头:

$$H_{max} = H_e + \frac{av_0}{g}$$

式中:H_e——阀门前的静水头或初始压力水头,m。

经计算:$H_{max} = 77.5 + 62.10 = 139.60$ m。

瞬时完全关闭管道末端阀门时,水锤压力大于管网入口处管道公称压力的 1.5 倍,需采取水锤压力防护措施。

(4) 安全开关时间

$$T_s \geqslant 40\ \frac{L}{a}$$

式中:T_s——关阀历时,s;

L——管长，m；

a——水锤波传播速度，m/s。

经计算：$T_s \geq 40 \times 760/361.60 = 84.07$ s，即在管网系统中，闸阀的关阀时间只要大于84.07 s，就不会有水锤产生。本设计中设置空气阀及缓闭止回阀来减小水锤压力影响。

15.6 主要工程量

主要工程量如表15.7所示。

表15.7 主要工程量表

序号	名称	规格	单位	数量
一	管道及配件工程			
1	PE管	DN63/1.25 MPa	m	1360
2		DN75/1.0 MPa	m	1610
3		DN90/1.0 MPa	m	1920
4		DN110/0.6 MPa	m	1750
5		DN160/0.8 MPa	m	1655
6	喷头	ZY-2H 摇臂式	个	351
7	喷头及管道配件			
二	泵站工程			
1	泵站及基础建设	250QJ100-90×2	项	1

15.7 工程效益

1）节水效益

工程实施面积300亩，平均每亩年节约用水量120 m^3，年节水量2.6万 m^3。

2）省工效益

项目区实施高效节水灌溉，可大大减少灌溉用劳力，根据经验测算，每亩每年平均可节省人工10工日，现实施面积为300亩，则年节省人工3000工日。

3）增产效益

工程实施后，改善灌溉面积300亩。根据类似工程，项目区年均增产产量50 kg/亩。

4）省电效益

泵站采用变频恒压供水，比传统供水方式能节能30%~60%。

15.8 附图

详见附图十五。

16 南京市江宁区某喷灌工程

【导语】

项目区设计灌溉面积为240亩,种植苗木,采用喷灌灌溉方式,工程投资约69万元。项目区通过泵站从沟塘提水,水泵采用变频器控制,能实现恒压供水,保证灌水均匀,保证电机和管道运行安全。

16.1 基本概况

项目区位于南京市江宁区谷里街道,属于大田经济作物种植区,主要种植绿化苗木,采用喷灌形式,灌溉面积240亩。灌溉水源为项目区内的沟渠、水塘,有补水措施,能保证水源充足。苗木行向沿南北向布置,行距不等,北片每行长130 m,南片每行长100 m。项目区地面高程8 ~9 m,土地地势较为平缓,土壤以黏壤土为主,土层深厚,适合种植苗木等经济作物。

16.2 灌水器选择

苗木的一次需水量较大,但不频繁,一般5 ~7天需灌水1次,幼苗需水量大,季节性降水分布不均,需要进行人工灌溉补水,用工量较大,安装灌溉设施可有效解决缺水难题。本次根据苗木种植情况进行喷灌设计。

喷灌选用旋转式微喷头,结实耐用,灌溉均匀性好且性能可靠,易于安装,具有很高的抗堵塞性能,压力损失小,距地面1 m高,间距为6 ~8 m(表16.1)。

表16.1 喷头技术指标

规格型号	工作压力(MPa)	流量(L/h)	喷嘴直径(mm)	喷洒半径(m)	工作压力范围(MPa)
XZWPT-250	0.2	250	2	8	0.2 ~0.3

雾化指标:$H/d = 1000 \times 20/2 = 10000$,能满足苗木灌溉的需要。

喷灌强度:

$$\rho = K_w \cdot C_p \cdot \rho_a$$

式中:ρ——喷灌强度,mm/h;

K_w——风系数,取1.0;

C_p——布置系数,所选喷头喷洒半径8 m,支管间距8 m,喷头间距6 m,则 $C_p = \pi R^2/ab$

$=3.14\times8\times8/(6\times8)=4.19$；

ρ_a——单个喷头喷灌强度，mm/h。

经计算：$\rho=1\times4.19\times250/(3.14\times8\times8)=5.21$ mm/h，小于土壤允许喷灌强度，满足要求。

16.3 管道布置

田间工程布置包括干管、分干管和支管道，管道系统经首部枢纽进入管网。主支管沿路边布置。由于支管基本沿道路两侧布设，为单向灌溉。每块地沿机耕路1条支管，每条支管用1~2只阀门和压力表控制。支管经连接管与喷头连接。支管间距8 m，喷头间距6 m。

根据该片地形地势和种植结构情况，布置干管1条、分干管2条和支管14条，每条支管用1只阀门控制（图16.1）。

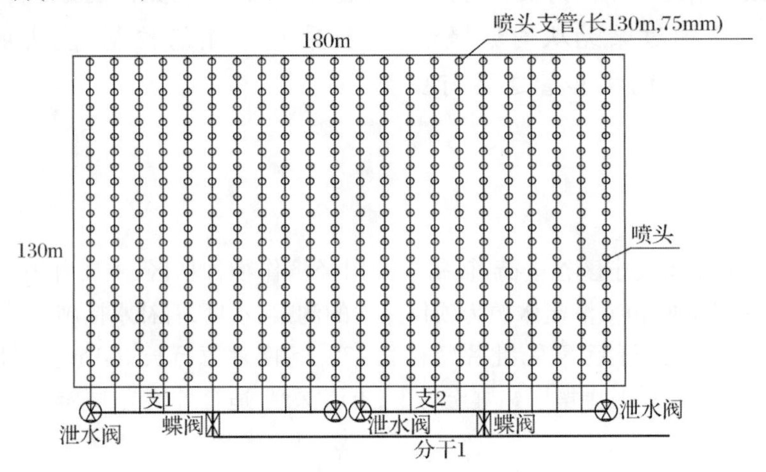

图16.1　田块灌溉系统布置示意图

16.4 设计参数

（1）灌溉设计保证率90%；

（2）灌溉水有效利用系数0.85；

（3）设计灌水均匀度≥80%；

（4）土壤计划湿润层深度50 cm；

（5）设计耗水强度5 mm/d。

16.5 工程设计

16.5.1　确定灌溉制度

1）设计灌水定额

$$m=0.1\gamma zp(\theta_{max}-\theta_{min})/\eta$$

式中：m——设计灌水定额，mm；

γ——土壤容重，g/cm^3；

z——土壤计划湿润层深度，m；

p——设计土壤湿润比；

θ_{max}、θ_{min}——适宜土壤含水率上下限（占干土重的百分比），最大田间持水量取为27%，适宜土壤含水率上下限百分比取为85%和65%，则$\theta_{max}=22.95\%$，$\theta_{min}=17.55\%$；

η——灌溉水有效利用系数。

经计算：$m=0.1\times1.35\times0.50\times100\times(22.95-17.55)/0.85=42.9$ mm，取$m=43$ mm。

2）设计灌溉周期

$$T=\frac{m\eta}{E_a}$$

式中：T——灌水周期，d；

经计算：$T=43\times0.85/5=7.3$ d，取$T=7$ d。

3）一次灌水延续时间

$$t=\frac{mS_pS_e}{q}$$

式中：t——一次灌水延续时间，h；

S_p——出水孔间距，取6 m；

S_e——毛管间距，取8 m；

q——平均流量，取250 L/h。

经计算：$t=43\times6\times8/250=8.3$ h，取$t=8$ h。

16.5.2　轮灌组划分

$$N\leqslant\frac{CT}{t}$$

式中：N——微灌系统允许最大轮灌组数，其值计算后取整；

C——每天工作小时数，取16 h；

T——灌水周期，d；

t——一次灌水延续时间，h。

经计算：$N=16\times7/8=14$，取$N=14$组。

为灌溉管理方便，采用轮灌方式，考虑到灌水均匀性，适当按干、支管分片灌溉。每条支管用1只阀门控制，共14条支管，一条支管即为一个轮灌组（表16.2）。

表16.2　轮灌制度表

时间		轮灌组
第一天	6:00～14:00	支1
	14:00～22:00	支2
第二天	6:00～14:00	支3
	14:00～22:00	支4

续表

时间		轮灌组
第三天	6:00~14:00	支5
	14:00~22:00	支6
第四天	6:00~14:00	支7
	14:00~22:00	支8
第五天	6:00~14:00	支9
	14:00~22:00	支10
第六天	6:00~14:00	支11
	14:00~22:00	支12
第七天	6:00~14:00	支13
	14:00~22:00	支14

16.5.3 系统水力计算

计算过程：

(1) 先确定毛管、支管道的水力学损失及局部损失，进而由灌水器的正常工作压力要求设定进口压力。

(2) 根据地形的高程的参数，选取最不利轮灌组内的最不利地块，从而确定此段主管的沿程损失；向水源方向逐段推导主管道沿程损失至水源。

(3) 局部损失按管道沿程损失值10%计算。

(4) 首部管道及过滤系统总压力损失按8 m计。

(5) 核实最不利地块和水源(地面)之间的海拔高程。

(6) 水泵地面以上扬程：$P=(1)+(2)+(3)+(4)+(5)$。

灌溉系统布置干管1条，分干管6条，支管24条。每条支管控制面积不等，葡萄每行长度不一致，每条支管按平均长度计算。

干管、分干管和支管管径首先用经济管径计算公式初选，最后经水力计算校核确定。采用的经济管径公式如下：

$$D=1130\sqrt{\frac{Q}{3600v}}$$

式中：D——经济管径，mm；

Q——管道流量，m^3/h；

v——经济流速，取1.5 m/s。

干管流量按水泵最大流量计算，1台水泵共100 m^3/h，每次同时有1~2个分干管在工作，这样可以减小分干管的管径，节省投资(表16.3)。

表 16.3 管径选择表

管道名称		管长（m）	管道流量（m^3/h）	经济管径（mm）	外径（mm）	壁厚（mm）	管内径（mm）	备注
喷头支管		130	5.5	30.5	50	2	46	北片
喷头支管		100	4.25	26.8	40	2	36	南片
支管	支 1	90	30.3	71.2	75	2.3	70.4	考虑多口出水
	支 2	90	23.4	63.9	75	2.3	70.4	
	支 3	90	30.3	71.2	75	2.3	70.4	
	支 4	90	23.4	63.9	75	2.3	70.4	
	支 5	110	37.6	84.9	75	2.3	70.4	考虑多口出水
	支 6	110	29.1	70.1	75	2.3	70.4	
	支 7	110	37.6	84.9	75	2.3	70.4	考虑多口出水
	支 8	110	29.1	70.1	75	2.3	70.4	
	支 9	110	37.6	84.9	75	2.3	70.4	考虑多口出水
	支 10	110	29.1	70.1	75	2.3	70.4	
	支 11	90	30.3	71.2	75	2.3	70.4	考虑多口出水
	支 12	90	23.4	63.9	75	2.3	70.4	
	支 13	90	30.3	71.2	75	2.3	70.4	
	支 14	90	23.4	63.9	75	2.3	70.4	
分干管	分干管 1	305	60.5	101.1	110	3.2	103.6	
	分干管 2	305	60.5	101.1	110	3.2	103.6	
干管		180	100	130	160	4	152	

以最不利点支管支 1 处计算，由下而上推算出干管入口压力和水头损失。

1）支管出口压力确定进口压力为 100 kPa，即 10 m 水头。

2）支管入口压力确定

支管水头损失：

$$h_{支}=\frac{KfFQ^{m}L}{D^{b}}$$

式中：$h_{支}$——支管水头损失，m；

K——考虑局部水头损失的系数，取 1.05；

f——摩阻系数；

F——多口系数；

Q——设计流量，m^3/h；

m——流量指数；

D——管内径，mm；

b——管径指数；

L——管长，m。

水力计算见表 16.4。

表 16.4 水力计算表

序号	管长(m)	流量(m^3/h)	经济管径(mm)	外径(mm)	壁厚(mm)	沿程损失 h_f(m)	局部损失 h_j(m)	总损失 h_w(m)	流速(m/s)
E-D	130	5.5	30.5	50	2.0	1.1	0.11	1.21	0.92
D-C	45	30.3	71.2	75	2.3	1.3	0.13	1.43	2.20
C-B	305	60.5	101.1	110	3.2	9.5	0.95	10.45	2.00
B-A	180	100	130	160	4.0	1.0	0.10	1.10	1.53
								14.19	

16.5.4 机泵选型

水泵设计扬程:

$$H_p = H_m + \sum h_f + \sum h_j + \Delta Z$$

式中:H_p——水泵设计扬程,m;

H_m——主干管入口工作水头,m;

$\sum h_f$——水泵吸水管至管道系统进口之间的管道沿程水头损失之和,m;

$\sum h_j$——水泵吸水管至管道系统进口之间的管道局部水头损失,m;

ΔZ——水泵安装高程与水源水位的高差,m。

水泵净扬程为最低水位至水泵出水管高程差约为2.5m,管通水头损失按净扬程的30%计,即0.8 m,首部枢纽选用反冲洗式砂石过滤器、叠片、网式过滤器和闸阀等水头损失8 m,高程差+1 m,经计算:H_p=14.19+2.5+0.8+8+20+1=46.49 m。

根据设计流量和设计扬程,选用100ZX100-50自吸式离心泵1台,单泵流量100 m^3/h,扬程50 m,吸程6 m,配套电机功率22 kW。

16.6 附属设施

1)过滤设备

项目区为塘坝供水,水质一般,泥沙含量不大,但有机物和其他杂质较多,选用介质过滤器、叠片过滤器和网式过滤器的组合,流量100 m^3/h,过滤精度为150目,确保系统不堵塞。

2)施肥设备

由于灌溉面积大,施肥次数多,施肥利用水泵吸入的方式,价格低,易维护,简单实用,施肥时先把肥料放入肥料池充分溶解,再打开吸肥阀即可。

3)水泵控制设备(图16.2)

图16.2 泵站电气信息化自控装置

项目区用水时用户较多,水泵用变频器控制,变频器带有压力传感器,能实现恒压供水,在误操作时能有效保护水泵和管道不损坏,在灌水面积大小不等时,保证灌水均匀,并能省电。本项目选用泵站电气信息化自控装置带有变频模块,可取代泵站内的变频控制柜,成本增加不多,但功能更强大,有智能电气测量保护、智能过程自动化测控、综合自动化和信息化管理等多项功能,具有低成本、技术先进、管理方便等特点。每台水泵配置1套控制系统,既可以在泵内实现手动/自动控制,还可以远程监测和控制。

16.7 主要工程量

主要工程量如表16.5所示。

表16.5 主要工程量表

序号	名称	规格	单位	数量
一	管道及配件工程			
1	PVC-U 管	DN60/0.63 MPa	m	200
2	PVC-U 管	DN110/0.63 MPa	m	640
3	PVC-U 管	DN90/0.63 MPa	m	180
4	PVC-U 管	DN75/0.63 MPa	m	1452
5	PVC-U 管	DN63/0.63 MPa	m	36
6	PVC-U 管	DN50/0.8 MPa	m	11000
7	PVC-U 管	DN40/1.0 MPa	m	8500
8	PVC-U 管	DN32/1.0 MPa	m	60
9	PVC-U 管	DN20/1.25 MPa	m	5100
10	PVC-U 配件		套	1
二	泵站工程			
1	水泵	100ZX100-50	台	1
2	泵房	$4\times6=24$ m^2	座	1

16.8 工程效益

1）节水效益

工程实施后,灌溉水利用系数由0.62提高至0.85,年节水量约2.4万m^3。

2）增产效益

工程实施后,将较大程度改善灌溉条件,提高作物的抗灾能力,增加作物产量,亩均效益约1400元,年均增产效益34万元。

3）省工效益

项目完成后,将降低劳动强度,节省劳动力,经分析,每亩年均节省人工10个工日,年均节约2400工日。

4）省电效益

泵站采用变频。

16.9 附图

详见附图十六。

17 如皋市某微灌工程

【导语】

项目区设计灌溉面积为220亩,主要采用"上喷下滴"微灌技术,工程投资约122万元。整体设计科学合理,省工省地省力,在该地区产生较好的经济社会效应,具有较好的典型示范作用。

17.1 基本概况

项目区隶属于如海灌区,设计灌溉面积220亩,分东、中、西三个片区,东片90亩、中片80亩、西片50亩。附近无骨干河道,区内只有一条排涝沟,水质较差,离符合条件的水源地北洋港较远,故在每个片区设置1座深井泵站用于灌溉取水。区内土质为沙壤土,土地已流转,为种植大户所有,主要种植抱子甘蓝等十字花科植物。

17.2 灌水器选择

根据国内外目前滴灌设备的生产及实际应用情况,选用滴灌管和旋转式微喷头。滴灌管一次性投资较高,但使用寿命长,一般抗堵塞性能和出水均匀性均高于滴灌带,选用的滴灌管直径为16 mm。微喷头间距3 m,喷洒直径4 m。

17.3 管道布置

智能大棚配备"上喷下滴"灌水系统("上喷"主要用于灌溉,"下滴"主要用于施肥),铺设管道共29.84 km。骨干管道采用两级管道布置,田间管道采用梳齿形布置。干管采用4条DN160UPVC管、1条DN110UPVC管,分干管采用DN63PVC-U管,支管采用DN50PE管、DN32PE管,毛管采用DN20PE管、PEΦ16滴灌管。

17.4 设计参数

(1) 灌溉设计保证率90%;

(2) 灌溉水有效利用系数0.90;

(3) 土壤计划湿润层深度30 cm;

（4）设计土壤湿润比 80%；

（5）设计耗水强度 7 mm/d。

17.5 工程设计

选择东片区进行典型设计。

17.5.1 灌溉制度

1）最大净灌水定额

$$m_{max}=0.001\gamma zp(\theta_{max}-\theta_{min})$$

式中：m_{max}——最大净灌水定额，mm；

γ——土壤容重，取 1.35 g/cm³；

z——土壤计划湿润层深度，cm；

p——设计土壤湿润比，%；

θ_{max}、θ_{min}——适宜土壤含水率上下限（重量百分比），分别取田间持水率的 100% 和 80%；

当地土质为沙壤土，田间持水率为 25%，经计算：$m_{max}=16.2$ mm。

2）设计灌水周期

$$T\leqslant T_{max}$$

$$T_{max}=\frac{m_{max}}{I_a}$$

式中：T——设计灌水周期，d；

T_{max}——最大灌水周期，d；

I_a——设计耗水强度，mm/d。

经计算：$T\leqslant T_{max}=16.2/7=2.31$ d，取 $T=2$ d。

3）设计灌水定额

$$m_d=T\cdot I_a$$

$$m'=\frac{m_d}{\eta}$$

式中：m_d——设计灌溉定额，mm；

m'——设计毛灌水定额，mm；

η——灌溉水有效利用系数。

经计算：$m_d=2\times7=14$ mm；$m'=14/0.9=15.6$ mm。

4）灌溉工作制度的拟定

（1）一次灌水延续时间

$$t=\frac{m'S_lS_e}{q_d}$$

式中：q_d——灌水器设计流量，取 25 L/h；

S_e——灌水器间距，取 3 m；

S_l——毛管间距，取 4 m。

经计算：$t = 15.6 \times 4 \times 3/25 = 7.49$，取 7 h。

（2）轮灌组划分

最大轮灌组数：

$$N = \frac{CT}{t}$$

式中：N——微灌系统允许最大轮灌组数，其值计算后取整；

C——每天工作小时数，取 20 h；

T——灌水周期，取 2 d；

t——一次灌水延续时间，h。

经计算：$N = 20 \times 2/7 = 5.7$，取 4 组。

轮灌分组见表 17.1。

表 17.1　轮灌分组表

灌水组	轮灌组支管名称	灌组流量(m^3/h)
第 1 组	支管 3-13，支管 3-17	17.73
第 2 组	支管 3-14，支管 3-18	19.34
第 3 组	支管 3-15，支管 3-19	15.50
第 4 组	支管 3-16，支管 3-20	21.06

17.5.2　管网设计流量计算

在 4 个轮灌组中，以第 4 组轮灌组为最不利，据此推算各级管道及系统流量。

1）毛管设计流量

第 4 组轮灌区毛管数为 54 条，每条毛管长 40 m，则喷头数 $N_1 = L/S_e = 40/3 = 13.3$，取 14，每条毛管流量为：$\sum q = N_1 q/\eta = 14 \times 25/0.9 = 388$ L/h $= 0.39$ m^3/h。

2）支管设计流量

支管设计流量等于支管上同时工作的毛管设计流量之和（表 17.2）。

表 17.2　支管流量推算表

支管编号	支管长度(m)	一对毛管平均长度(m)	设计流量(m^3/h)
3-16-1	23	80	2.34
3-16-2	23	80	2.34
3-16-3	23	80	2.34
3-16-4	23	80	2.34
3-20-1	33	80	3.12
3-20-2	33	80	3.12
3-20-3	33	80	3.12
3-20-4	25	80	2.34

3）分干管设计流量

分干管设计流量等于分干管管上同时工作的支管设计流量之和(表17.3)。

表17.3　分干管流量推算表

分干管编号	流量计算公式	长度(m)	设计流量(m^3/h)
分干管2-16	2.34×4	51	9.36
分干管2-20	3.12×3+2.34	67	11.70

4）干管设计流量

主干管的设计流量为该灌溉系统的设计流量，即为各轮灌组流量的最大值，由上述计算可知，主干管的设计流量为21.06 m^3/h。

17.5.3　各级管道管径确定

管径计算公式：

$$D = 1.13\sqrt{\frac{Q}{3600v}}$$

式中：D——管内径，m；

Q——设计流量，m^3/h；

v——管道经济流速，m/s。

1）支管管径(表17.4)

表17.4　支管管径选择表

支管序号	管长(m)	设计流量(m^3/h)	设计直径(mm)	选取直径(mm)	公称压力(MPa)	壁厚(mm)	管内径(mm)
3-16-1	23	2.34	26	50	1.25	4.6	40.8
3-16-2	23	2.34	26	50	1.25	4.6	40.8
3-16-3	23	2.34	26	50	1.25	4.6	40.8
3-16-4	23	2.34	26	50	1.25	4.6	40.8
3-20-1	33	3.12	30	50	1.25	4.6	40.8
3-20-2	33	3.12	30	50	1.25	4.6	40.8
3-20-3	33	3.12	30	50	1.25	4.6	40.8
3-20-4	25	2.34	26	50	1.25	4.6	40.8

2）分干管管径(表17.5)

表17.5　分干管管径选择表

分干管编号	管长(m)	设计流量(m^3/h)	设计直径(mm)	选取直径(mm)	公称压力(MPa)	壁厚(mm)	管内径(mm)
分干管2-16	51	9.36	53	63	1.25	5.8	51.4
分干管2-20	67	11.70	59	63	1.25	5.8	51.4

3）干管管径(表 17.6)

表 17.6　干管管径选择表

管段	管长(m)	设计流量(m^3/h)	设计直径(mm)	选取直径(mm)	公称压力(MPa)	壁厚(mm)	管内径(mm)
干管 1-4	160.5	21.06	82	160	1.25	14.6	130.8

17.5.4　水力计算

选取最不利的线路进行各级管道水力计算。

1）毛管水头损失

沿程水头损失：

$$h_f = f\frac{Q^m}{D^b}L$$

式中：h_f——沿程水头损失，m；

Q——管道的设计流量，m^3/h；

L——管长，m；

D——管内径，mm；

f——管材摩阻系数，取 0.948×10^5；

m——流量指数，取 1.77；

b——管径指数，取 4.77。

多孔管沿程水头损失：

$$h_f' = Fh_f$$

$$F = \frac{N\left(\frac{1}{m+1} + \frac{1}{2N} + \frac{\sqrt{m-1}}{6N^2}\right) - 1 + X}{N - 1 + X}$$

式中：h_f'——多孔口沿程水头损失，m；

F——多口系数；

N——出流孔口数；

X——多孔管首孔系数，即多孔管入口至第一个出流孔管口的距离与各出流孔口间距之比。

经计算：$h_f = 0.1$ m。

局部水头损失：按沿程水头损失 10% 计。

毛管流量推算如表 17.7 所示。

表 17.7　毛管流量推算表

项目 管型	稳流器间距(m)	稳流器设计流量(L/h)	分流孔数(个)	管径(mm)	沿程水头损失 h_f(m)	局部水头损失 h_j(m)	总水头损失 h_w(m)
毛管	3	388	14	20	0.10	0.010	0.110

2）主控制线水力计算(表 17.8)

表 17.8 水力计算表

管道编号	流量(m^3/h)	管长(m)	选用管径(mm)	管内径(mm)	沿程水头损失h_f(m)	局部水头损失h_j(m)	总水头损失h_w(m)
干管 1-4	21.06	160.5	160	130.8	0.15	0.015	0.165
分干管 2-20	11.70	67	63	51.4	1.87	0.187	2.057
支管 3-20	3.12	33	50	40.8	0.27	0.027	0.297
毛管	0.39	40	20	20	0.10	0.010	0.110

总水头损失：$h=0.165+2.057+0.297+0.110=2.629$ m。

首部水头损失按 20 m 计，稳流器工作压力为 0.1 MPa，喷头压力为 20 m，则干管入口工作水头 $H_m=2.63+20+10+20=52.63$ m，满足管道工作压力要求。

17.5.5 机泵选型

水泵设计扬程：

$$H_p=H_m+\sum h_f+\sum h_j+\Delta Z$$

式中：H_p——水泵设计扬程，m；

H_m——主干管入口工作水头，取 52.63 m；

$\sum h_f$——水泵吸水管进口至管道系统进口之间的沿程水头损失，m；

$\sum h_j$——水泵吸水管进口至管道系统进口之间的局部水头损失，m；

ΔZ——喷头与水源水位的高差，取 28 m。

吸水管至管道系统进口间水头损失取 0.9 m。经计算：$H_p=52.63+0.9+28=81.53$ m。根据设计流量和设计扬程，选用 150QJ25-84/11 型离心泵 3 台，配套电机功率 10 kW。

17.6 附属设施

过滤器选用 80LWB-40 型网式过滤器，用于处理水体中的无机杂质。

施肥器选用 SG-30 施肥罐，施肥罐由施肥专用阀及连接管组成，利用压差式工作原理施肥。

量水设备选用电磁流量计，恒压变频装置选用恒压变频控制柜。

17.7 主要工程量

主要工程量如表 17.9 所示。

表 17.9　主要工程量表

序号	名称	规格	单位	数量
一	管道及配件工程			
1	PVC-U 管道	DN160	m	858.7
2	PVC-U 管道	DN100	m	1252
3	PVC-U 管道	DN63	m	936
4	PE 管道	DN50	m	1554
5	PE 管道	DN32	m	378
6	PE 管道	DN25	m	3696
7	PE 管道	DN16	m	21168
8	微喷头		个	1302
9	管道配件			
二	泵站工程			
1	泵站		座	3
2	变频控制柜		台	3

17.8　工程效益

1）节水效益

微喷灌节水量可达渠道灌溉面用水量 40% 以上。

2）增产效益

由于蔬菜得到适时适量的灌溉，产量得到大幅度提高。据统计，棚内产量可达 800 kg/亩，产值可达 3 万元/亩，净收入可达 1.86 万元/亩。

3）省工效益

微喷灌自动化程度高，灌水只需少量劳动力，每亩地可节省灌水用工 15 个，每亩地节省用工成本约 500～600 元。

4）带动农民致富

抱子甘蓝种植园区，为全国首家联栋设施内单一品种超百亩的标准化出口园区，从品种选择到种植技术，均达到了国内领先水平。种植基地每年能带动当地劳动力达 5000 人次以上，增加农民收入约 50 万元。

17.9　附图

详见附图十七。

18 苏州市相城区某微灌工程

【导语】

该设计选择面积为 350 亩大棚蔬菜，主要为“上喷下滴”微灌技术，工程投资 272 万元。该系统设置对节约用水、提升蔬菜品质等方面有明显的示范效果，为苏南地区农作物高品质的要求提供了优秀范本，该设计具有较好的典型示范作用。

18.1 基本概况

项目区位于相城区望亭镇，地处太湖水网平原东部，是典型的平原河网区，种植面积 350 亩，土地已流转，主要为设施大棚蔬菜区。土壤以黄泥土和乌栅土为主，耕作层较厚，肥力较好。境内地势平坦，高程差基本在 0.5m 以内。灌溉水源取自西侧钿钵头港，水质较好。交通便利，电力供应有保证。

18.2 管道布置

项目区以道路、主管道为界分为 4 个小片区，面积 60 ~ 100 亩不等。管网采用树状布置，泵房出水接干管 1 采用 DN250 主供水管，干管 2 采用 DN160。支管采用 DN125、DN110，支管后接分支管分别接 5 ~ 7 大棚，分支管采用 DN75、DN63 和 DN50、DN32。

标准大棚共计 476 个，长 40 m，宽 8 m，大棚采用 DN63、DN50、DN32 三种水管。大棚闸阀后接 DN32PE 软管，顶部接 DN25PE 软管，打孔接喷头；底部接 DN16 滴灌带。实际运行中，滴灌与喷灌不同时工作，故仅对微喷灌工程设计。

每个大棚滴灌采用 6 条滴灌带，每条滴灌带上滴头间距 0.3 m；微喷采用 2 条 PE 管，每条 PE 管上微喷头间距 2.2 m。单个喷头流量 58 ~ 83 L/h，单个滴头流量 2.0 L/h，喷滴灌配合使用。按照灌溉工作分组，确定灌区最大设计流量为 78.0 m^3/h。灌带工作压力为 50 ~ 300 kPa，最大 300 kPa。

18.3 设计参数

（1）灌溉设计保证率 95%；

（2）灌溉水有效利用系数 0.90；

（3）土壤计划湿润层深度 30 cm；

（4）设计耗水强度 5 mm/d。

18.4 工程设计

18.4.1 灌溉制度

1）设计灌水定额

$$m = 0.1\gamma h(\theta_{max} - \theta_{min})/\eta$$

式中：m——设计灌水定额，mm；

γ——土壤容重，取1.50 g/cm³；

h——计划湿润土层深度，cm；

θ_{max}——适宜土壤含水率上限取田间持水率的90%，取0.23；

θ_{min}——适宜土壤含水率下限取田间持水率的70%，取0.18；

η——灌溉水有效利用系数。

经计算：$m = 25$ mm。

2）设计灌水周期

$$T = \frac{m\eta}{E_a}$$

式中：T——设计灌水周期，d；

E_a——设计耗水强度，mm/d。

经计算：$T = 4.5$ d，取：$T = 4$ d。

3）一次灌水延续时间

$$t = \frac{mS_pS_e}{q}$$

式中：t——一次灌水延续时间，d；

S_p——出水孔间距，取4 m；

S_e——毛管间距，取2.2 m；

q——平均流量，取60 L/h。

经计算：$t = 3.3$ h，取 $t = 4$ h。

4）轮灌组划分

每天工作时间取20 h，为减少工程投资，提高设备利用效率，增加灌溉面积，系统采用轮灌，理论上可划分轮灌组数：$N = CT/t = 20 \times 4/5 = 16$

为了减少工程投资，提高设备利用效率，增加灌溉面积，故系统采用轮灌。轮灌组取为4组（表18.1）。

表18.1 轮灌分组表

轮灌组	轮灌组支管名称	大棚数（个）	灌组流量（m³/h）
第1组	支管1-3	122	263.5
第2组	支管4-6	130	280.8
第3组	支管7-9	120	259.2
第4组	支管10-11	104	224.8

18.4.2 管网设计流量计算

在4个轮灌组中,以第4组轮灌组为最不利,据此来推算各级管道及系统流量。

1)毛管设计流量

第4组轮灌区毛管数为208条,每条毛管长40 m,则喷头数 $N_2 = L/S_e = 40/2.2 = 18.2$,取18个,每条毛管流量为:$\sum q = N_2 q/\eta = 18 \times 60/0.9 = 1200$ L/h $= 1.20$ m^3/h。

2)支管设计流量

支管设计流量等于支管上同时工作的毛管设计流量之和,如表18.2所示。

表18.2 支管流量推算表

支管编号	管长(m)	毛管平均长度(m)	设计流量(m^3/h)
支管1	92	80	76.8
支管2	200	80	129.6
支管3	128	80	86.4
支管4	200	80	112.8
支管5	147	80	100.8
支管6	126	80	98.4
支管7	174	80	115.2
支管8	116	80	96
支管9	100	80	76.8
支管10	154	80	115.2
支管11	194	80	134.4

3)干管设计流量

干管设计流量等于分干管上同时工作的支管设计流量之和,如表18.3所示。

表18.3 分干管流量推算表

分干管编号	管道名称	管长(m)	设计流量(m^3/h)
干管1	支管4-6	427	312.0
干管2	支管10	353	249.6
干管3	支管11	118	134.4

4)干管设计流量

主干管的设计流量为该灌溉系统的设计流量,即为各轮灌组流量的最大值,由上述计算可知,主干管的设计流量为312.0 m^3/h。

5)管径选择

管材采用给水PVC-U管材,公称压力为0.63 MPa。微喷灌管和滴管带均采用PE管。灌溉系统布置干管3条,支管11条。每条支管控制面积不等,以大棚计算单位,平均每个大棚 40 m×8 m。

干管、分干管和支管管径首先用经济管径计算公式初选，最后经水力计算校核确定（表 18.4）。采用的经济管径公式如下：

$$D=1130\sqrt{\frac{Q}{3600v}}$$

式中：D——经济管径，mm；

Q——通过的流量，m^3/h；

v——经济流速，取 1.5 m/s。

表 18.4　管径选择表

管道名称		管长（m）	管道流量（m^3/h）	经济管径（mm）	外径（mm）	壁厚（mm）	管内径（mm）	备注
分水支管		2	14.4	58.4	75	3.2	68.6	
支管	支 1	92	76.8	134.8	160	4.0	152.0	
	支 2	200	129.6	175.1	200	4.9	190.2	
	支 3	128	86.4	143.0	160	4.0	152.0	
	支 4	200	112.8	163.3	200	4.9	190.2	
	支 5	147	100.8	154.4	200	4.9	190.2	
	支 6	126	98.4	152.6	200	4.9	190.2	
	支 7	174	115.2	165.1	200	4.9	190.2	
	支 8	116	96.0	150.7	200	4.9	190.2	
	支 9	100	76.8	134.8	160	4.0	152.0	
	支 10	154	115.2	165.1	200	4.9	190.2	
	支 11	194	134.4	178.3	200	4.9	190.2	
干管 1		427	312.0	271.7	315	7.7	299.6	
干管 2		353	249.6	243.0	250	6.2	237.6	
干管 3		118	134.4	178.3	200	4.9	190.2	

18.4.3　水力计算

管道沿程水头损失按下式计算：

$$h_f=f\frac{Q^m}{D^b}L$$

式中：h_f——沿程水头损失，m；

Q——管道的设计流量，m^3/h；

L——管长，m；

D——管内径，mm；

f——管材摩阻系数，取 0.948×10^5；

m——流量指数,取1.77;

b——管径指数,取4.77。

$$h_f' = Fh_f$$

$$F = \frac{N\left(\frac{1}{m+1} + \frac{1}{2N} + \frac{\sqrt{m-1}}{6N^2}\right) - 1 + X}{N - 1 + X}$$

式中:h_f'——多孔口沿程水头损失,m;

F——多口系数;

N——出流孔口数;

X——多孔管首孔位置系数,即多孔管入口至第一个出流孔管口的距离与各出流孔口间距之比。

经计算:毛管水头损失 $h_{f毛}=0.1$ m。

管道水力计算如表18.5所示。

表18.5 水力计算表

序号	管道名称	流量(m³/h)	管长(m)	管内径(mm)	沿程水头损失 h_f(m)	局部水头损失 h_j(m)	总水头损失 h_w(m)
1	支管1	76.8	92	152.0	0.74	0.15	0.89
2	支管2	129.6	200	190.2	1.40	0.28	1.68
3	支管3	86.4	128	152.0	1.27	0.25	1.53
4	支管4	112.8	200	190.2	1.09	0.22	1.31
5	支管5	100.8	147	190.2	0.66	0.13	0.79
6	支管6	98.4	126	190.2	0.54	0.11	0.65
7	支管7	115.2	174	190.2	0.99	0.20	1.18
8	支管8	96.0	116	190.2	0.48	0.10	0.57
9	支管9	76.8	100	152.0	0.81	0.16	0.97
10	支管10	115.2	154	190.2	0.87	0.17	1.05
11	支管11	134.4	194	190.2	1.45	0.29	1.73
12	干管1	312.0	427	299.6	1.62	0.32	1.94
13	干管2	249.6	353	237.6	2.72	0.54	3.27
14	干管3	134.4	118	190.2	0.88	0.18	1.06

第4组为最不利灌溉组,水力计算如下(表18.6)。

表18.6 第4组水力计算表

序号	管道名称	流量(m³/h)	管长(m)	管内径(mm)	沿程水头损失 h_f(m)	局部水头损失 h_j(m)	总水头损失 h_w(m)
1	干管1	312.0	427	299.6	1.62	0.32	1.94
2	干管2	249.6	353	237.6	2.72	0.54	3.27

续表

序号	管道名称	流量（m^3/h）	管长（m）	管内径（mm）	沿程水头损失 h_f(m)	局部水头损失 h_j(m)	总水头损失 h_w(m)
3	干管3	134.4	118	190.2	0.88	0.18	1.06
4	支管11	134.4	194	190.2	1.45	0.29	1.73
5	分水支管	9.6	2	59	0.04	0.01	0.04
6	毛管	2.4	12	28	0.67	0.13	0.80

最不利轮灌组管道水头总损失为8.85 m。

首部水头损失按10 m计，稳流器工作压力0.1 MPa，喷头压力为20 m，则干管入口所需压力为：$H_m = 8.85 + 10 + 10 + 20 = 48.85$ m，满足管道工作压力要求。

18.4.2 机泵选型

设计扬程：

$$H = Z_d - Z_s + h_s + h_p + \sum h_j + \sum h_f$$

式中：H——喷灌系统设计水头，m；

Z_d——典型喷点的地面高程，取5.0 m；

Z_s——水源水面高程，取3.0 m；

h_s——典型喷点的竖直高度，取3.0 m；

h_p——典型喷点的喷头工作压力水头，取20.0 m；

$\sum h_j + \sum h_f$——水面至水泵出口之间的总水头损失，取8.85 m。

计算时喷头工作压力降低为0.9 h_p，经计算：$H = 53.85$m。

根据设计流量和设计扬程，选用IS125-10-250B型水泵2台，设计流量173 m^3/h，总流量346 m^3/h，扬程为60.0 m，功率45 kW。控制方式采用变频控制。

18.5 附属设施

为确保喷滴灌系统的正常使用，在首部加装砂石过滤装器和全自动反冲洗叠片式过滤器，过滤精度不小于120目。

18.6 主要工程量

主要工程量如表18.7所示。

表18.7 主要工程量表

序号	项目	规格型号	单位	数量	备注
一	管道及配件工程				
1	微喷头	WP1103	个	17136	
2	滴灌管	DN 16 mm	m	152320	

续表

序号	项目	规格型号	单位	数量	备注
3	PVC-U 管	DN160	m	1366	
4		DN 110	m	1440	
5		DN 90	m	100	
6		DN 75	m	300	
7		DN 63	m	960	
8		DN 50	m	1308	
9		DN 32	m	6372	
10	PE 软管	DN 32	m	4188	
11	PE 软管	DN 25	m	51600	
二	泵站工程				
1	水泵及机电设备	IS125-10-250B	台	2	喷灌泵

18.7 工程效益

1）增产效益

项目区建设喷灌工程将大大改善灌溉条件，提高水田、设施农业区、经济作物区的抗灾能力，农产品产量、品质也将得到较大提高。项目完成后亩均增产效益约1200元，年均增产效益合计为42.0万元。

2）节水效益

项目实施后灌溉水有效利用系数由0.50提高到0.85，改善灌溉面积为350亩，年节水量为4.9万 m^3，按每立方水资源费0.3元/m^3 计，年节水效益1.47万元。

3）省工效益

省工效益体现为集约化劳动后可转移农村剩余劳动力，以节省工日、人工单价进行测算。项目区采取机械化集约生产，在大幅度降低了灌水劳动强度的同时，节省大量劳动力。同时，将原有的人工施肥（农药）的时间也大大缩短。经分析，工程建设年均节省工日约1050个，年均省工效益10.50万元。

18.8 附图

详见附图十八。

附　图

附图一　扬州市江都区某低压管道灌溉工程布置图

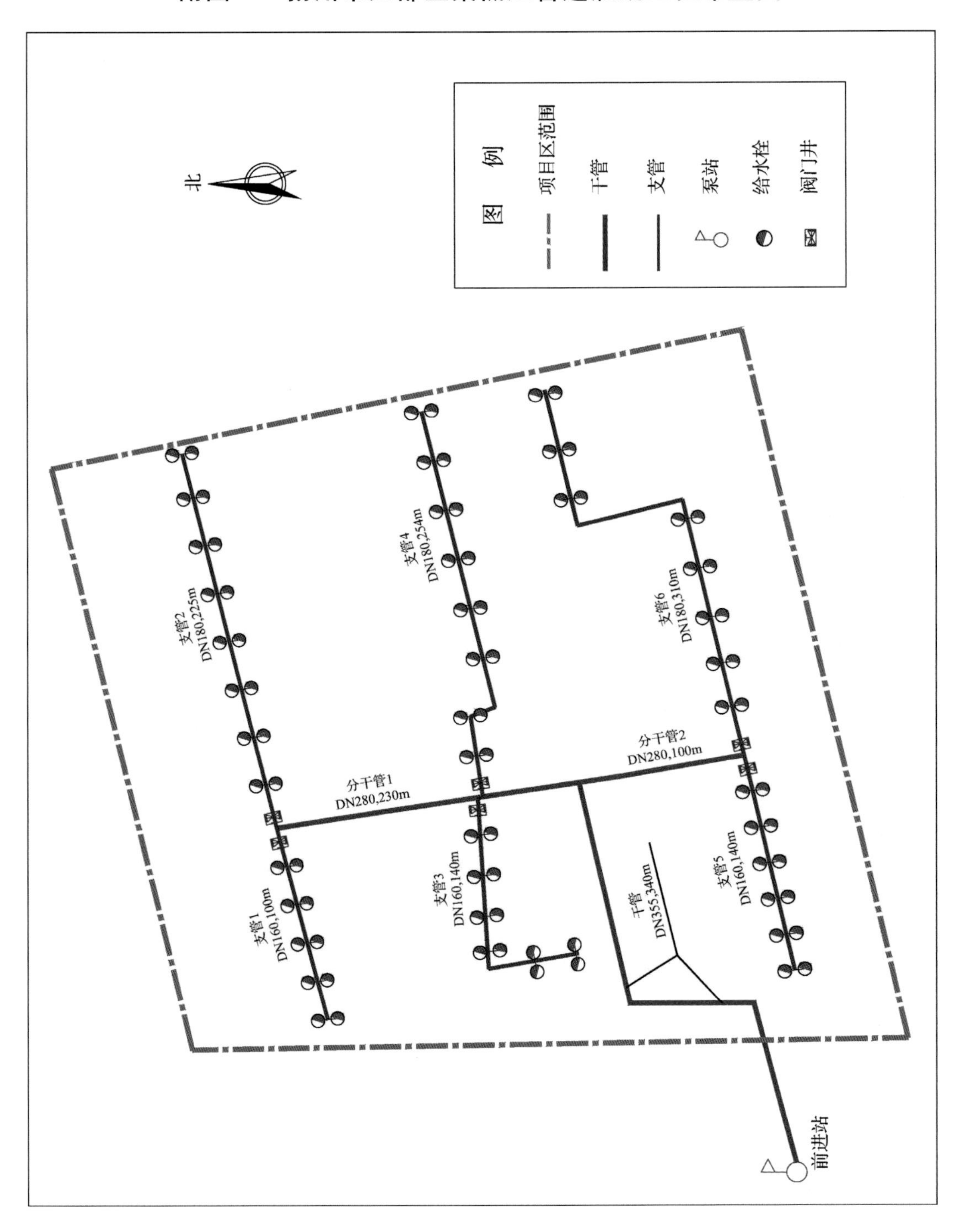

附图二　盐城市盐都区某低压管道灌溉工程布置图

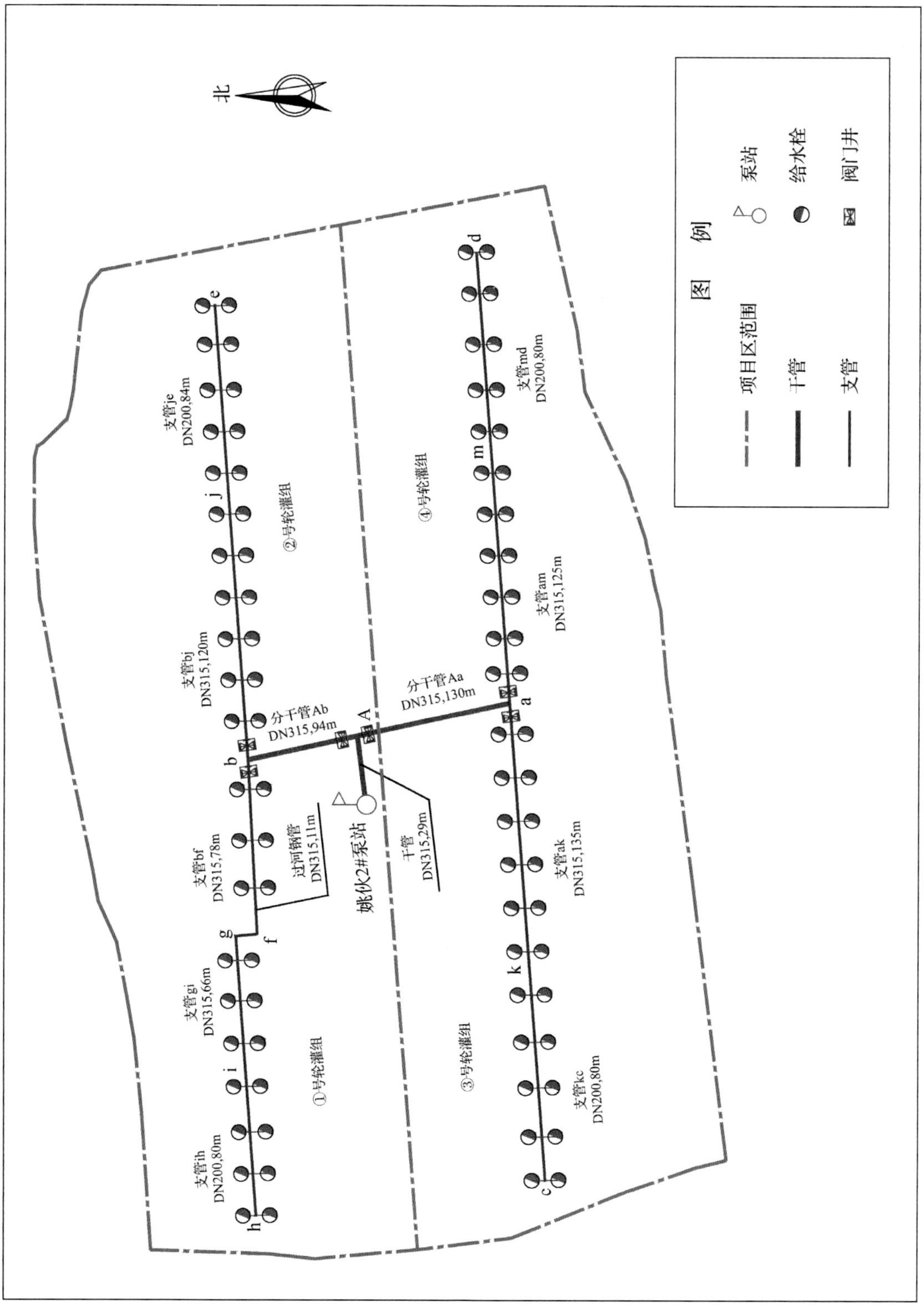

北

图例
项目区范围
干管
支管
泵站
给水栓
阀门井

支管je DN200,84m
支管md DN200,80m
②号轮灌组
④号轮灌组
支管bj DN315,120m
支管am DN315,125m
分干管Ab DN315,94m
分干管Aa DN315,130m
支管bf DN315,78m
过河钢管 DN315,11m
姚伙2#泵站
干管 DN315,29m
支管ak DN315,135m
支管gi DN315,66m
①号轮灌组
③号轮灌组
支管kc DN200,80m
支管ih DN200,80m

附图三　邳州市某低压管道灌溉工程现场图和布置图

（1）工程效果图

（a）给水栓图

（b）水稻灌水图

（c）小麦灌水图

（d）项目区俯视图

（2）工程布置图

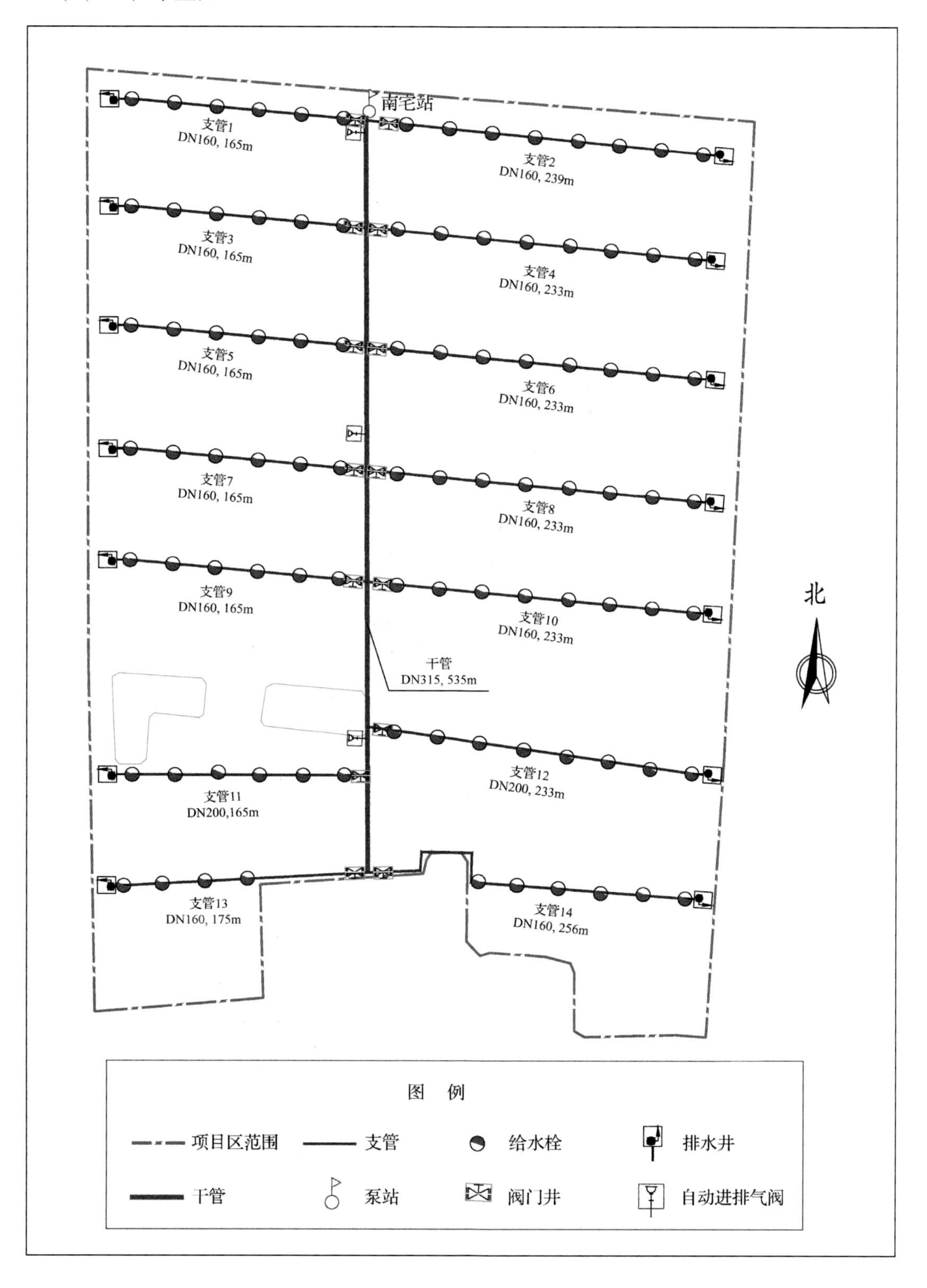
南宅站
支管1
DN160, 165m
支管2
DN160, 239m
支管3
DN160, 165m
支管4
DN160, 233m
支管5
DN160, 165m
支管6
DN160, 233m
支管7
DN160, 165m
支管8
DN160, 233m
支管9
DN160, 165m
支管10
DN160, 233m
干管
DN315, 535m
支管11
DN200,165m
支管12
DN200, 233m
支管13
DN160, 175m
支管14
DN160, 256m
北
图 例
项目区范围
支管
给水栓
排水井
干管
泵站
阀门井
自动进排气阀

附图四　徐州市铜山区某低压管道灌溉工程效果图和布置图

（1）工程效果图

（a）给水栓图

（b）项目区鸟瞰图

（2）工程布置图

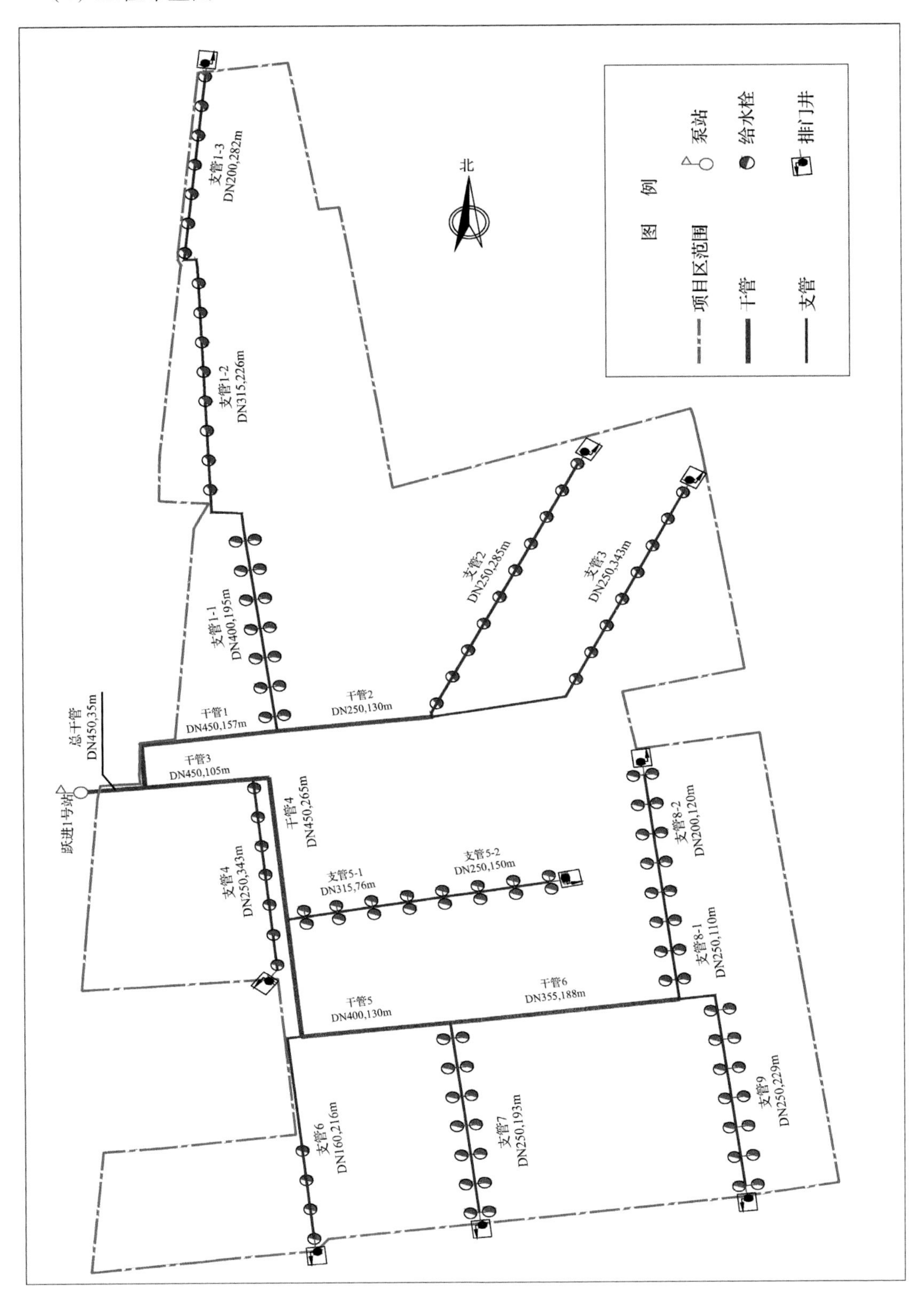
图例
项目区范围
干管
支管
泵站
给水栓
排门井
北
支管1-3
DN200,282m
支管1-2
DN315,226m
支管1-1
DN400,195m
支管2
DN250,285m
支管3
DN250,343m
干管1
DN450,157m
干管2
DN250,130m
总干管
DN450,35m
跃进1号站
干管3
DN450,105m
干管4
DN450,265m
支管4
DN250,343m
支管5-1
DN315,76m
支管5-2
DN250,150m
支管8-2
DN200,120m
支管8-1
DN250,110m
干管5
DN400,130m
干管6
DN355,188m
支管6
DN160,216m
支管7
DN250,193m
支管9
DN250,229m

附图五　宿迁市宿城区某低压管道灌溉工程放水口图和工程布置图

（1）放水口图

（2）工程布置图

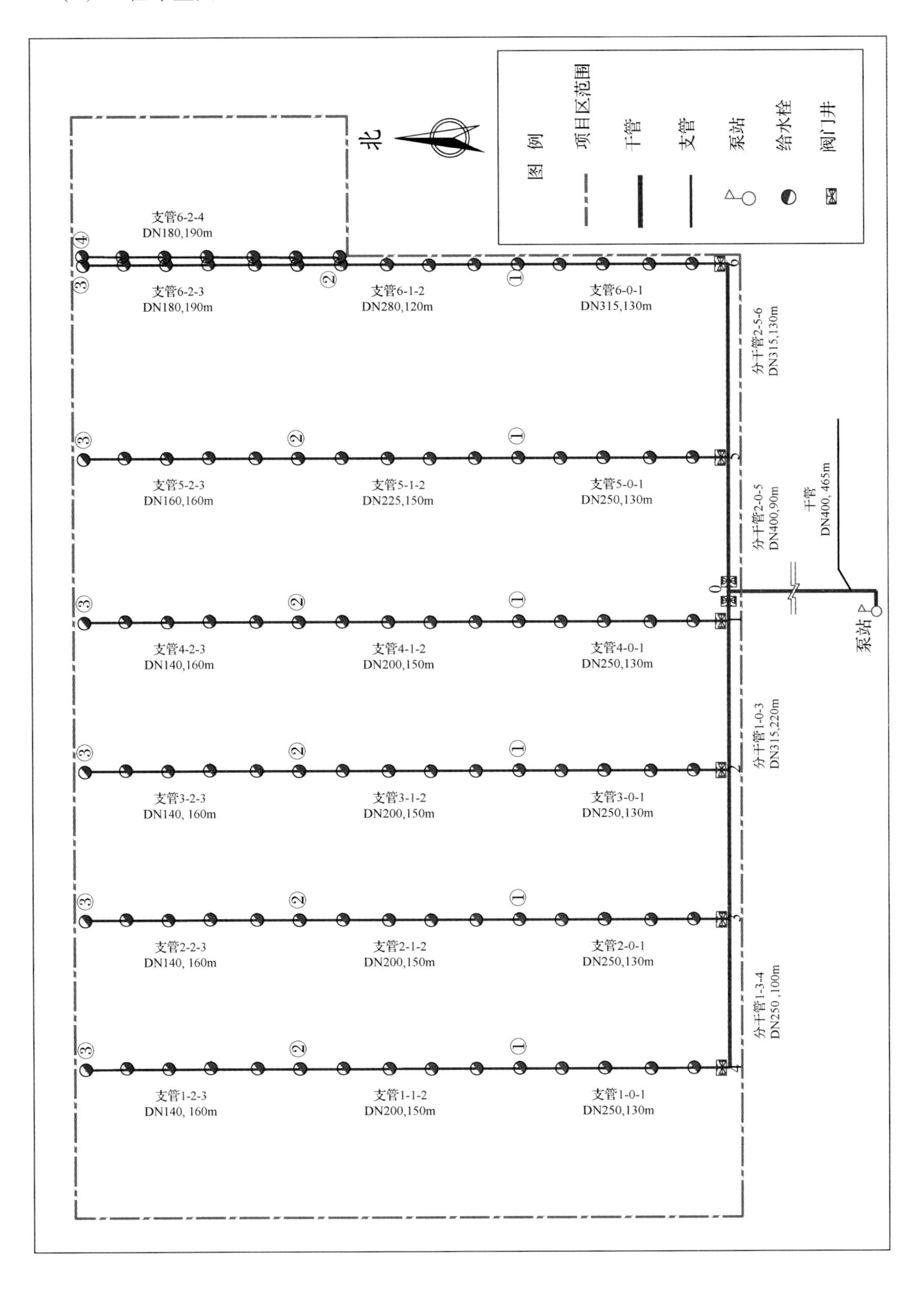

图例
项目区范围
干管
支管
泵站
给水栓
阀门井
北
支管6-2-4
DN180,190m
支管6-2-3
DN180,190m
支管6-1-2
DN280,120m
支管6-0-1
DN315,130m
分干管2-5-6
DN315,130m
支管5-2-3
DN160,160m
支管5-1-2
DN225,150m
支管5-0-1
DN250,130m
分干管2-0-5
DN400,90m
干管
DN400, 465m
泵站
支管4-2-3
DN140,160m
支管4-1-2
DN200,150m
支管4-0-1
DN250,130m
分干管1-0-3
DN315,220m
支管3-2-3
DN140, 160m
支管3-1-2
DN200,150m
支管3-0-1
DN250,130m
支管2-2-3
DN140, 160m
支管2-1-2
DN200,150m
支管2-0-1
DN250,130m
分干管1-3-4
DN250 ,100m
支管1-2-3
DN140, 160m
支管1-1-2
DN200,150m
支管1-0-1
DN250,130m

附图六　淮安市清江浦区某低压管道灌溉工程布置图

东支7
DN160, 400m
东支6
DN160, 433m
东支5
DN160, 433m
东支4
DN160, 436m
东支3
DN160, 423m
东支2
DN160, 430m
东支1
DN160, 445m
干管2
DN450, 1612m
中支7
DN160, 485m
中支6
DN160, 454m
中支5
DN160, 450m
中支4
DN160, 441m
中支4斗1
DN75, 74m
中支3斗1
DN75, 90m
中支2斗1
DN75, 67m
中支1斗1
DN75, 70m
中支3
DN160, 459m
中支2
DN160, 468m
中支1
DN160, 459m
西支7
DN160, 367m
西支6
DN160, 445m
西支5
DN160, 489m
西支4
DN160, 450m
西支3
DN160, 524m
西支2
DN160, 463m
西支1
DN160, 476m
干管1
DN450, 1115m
泵站
北
图　例
项目区范围
支管
给水栓
干管
泵站
阀门井

附图七　新沂市某低压管道灌溉工程布置图

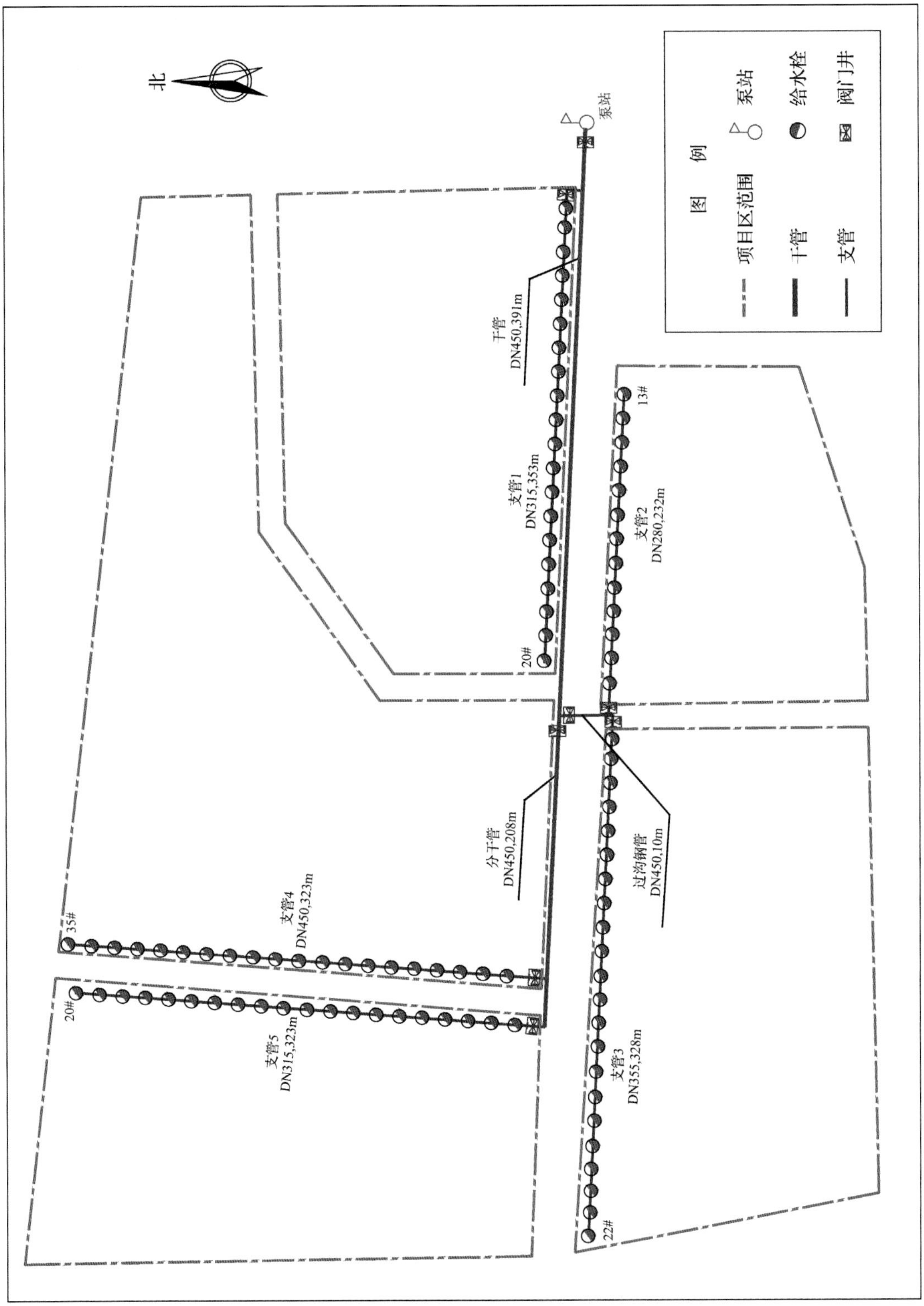

附图八　涟水县某低压管道灌溉工程布置图

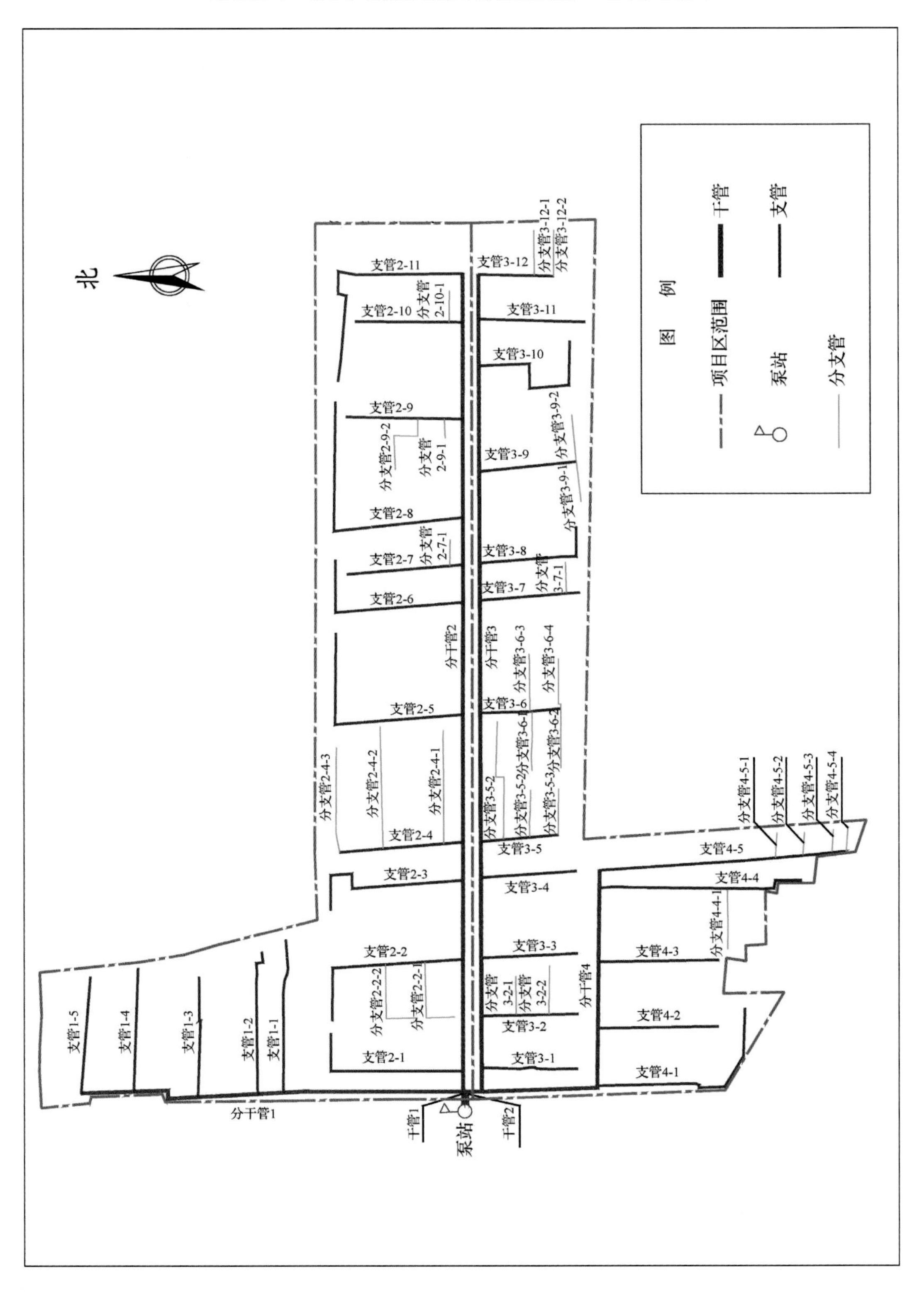

附图九　扬中市某低压管道灌溉工程布置图

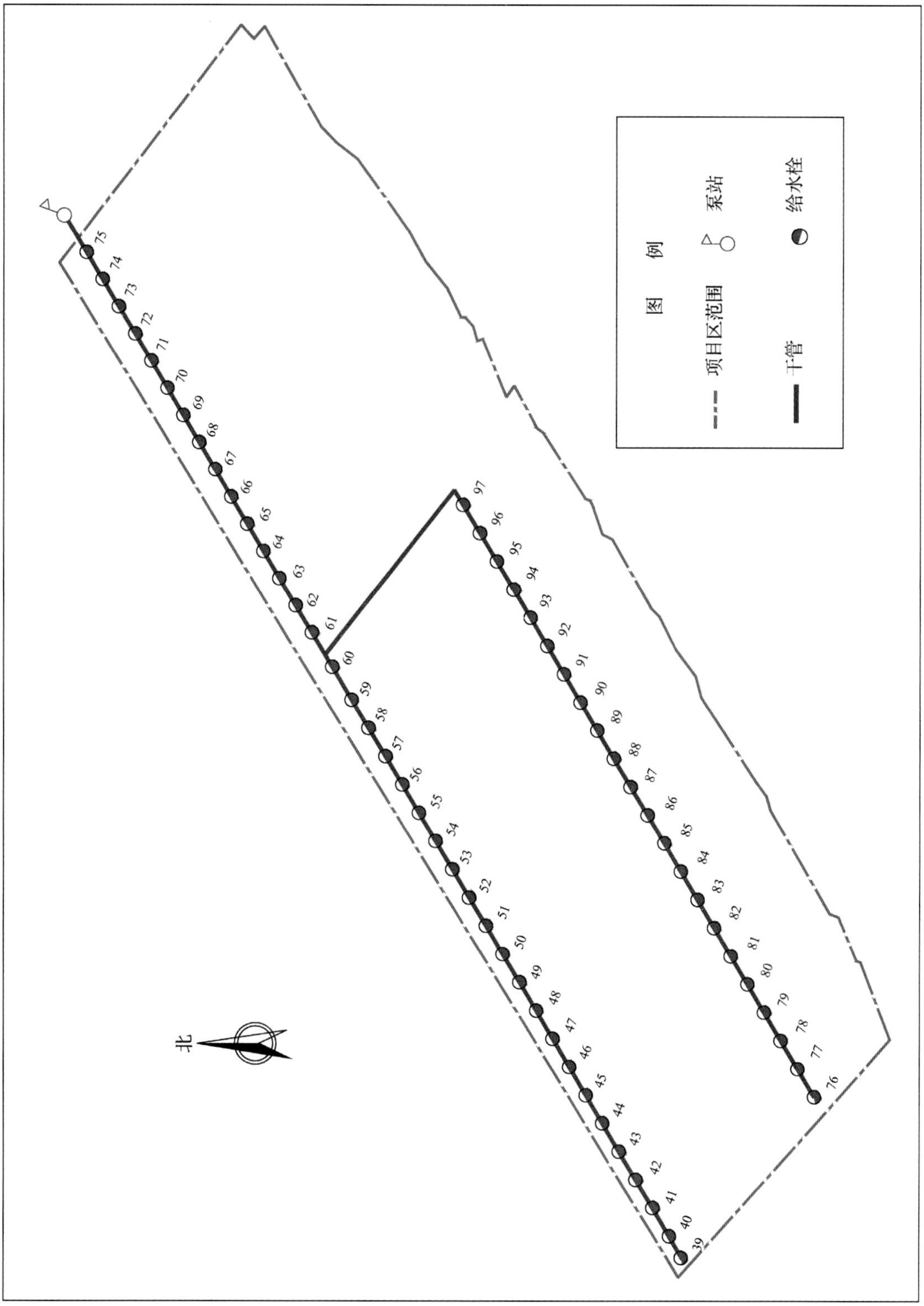

附图十 常熟市某低压管道灌溉工程布置图

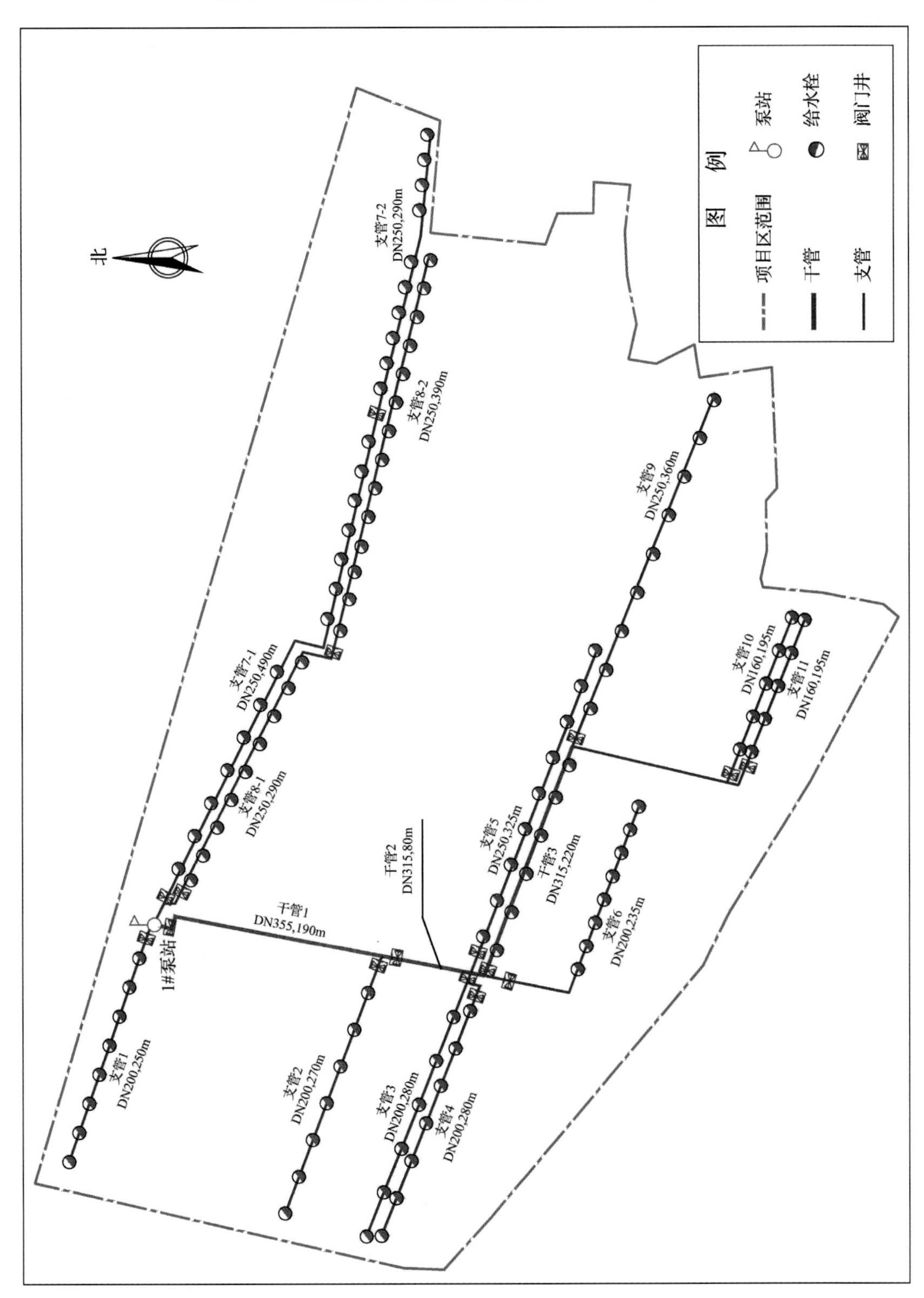

附图十一　盐城市盐都区某滴灌工程布置图

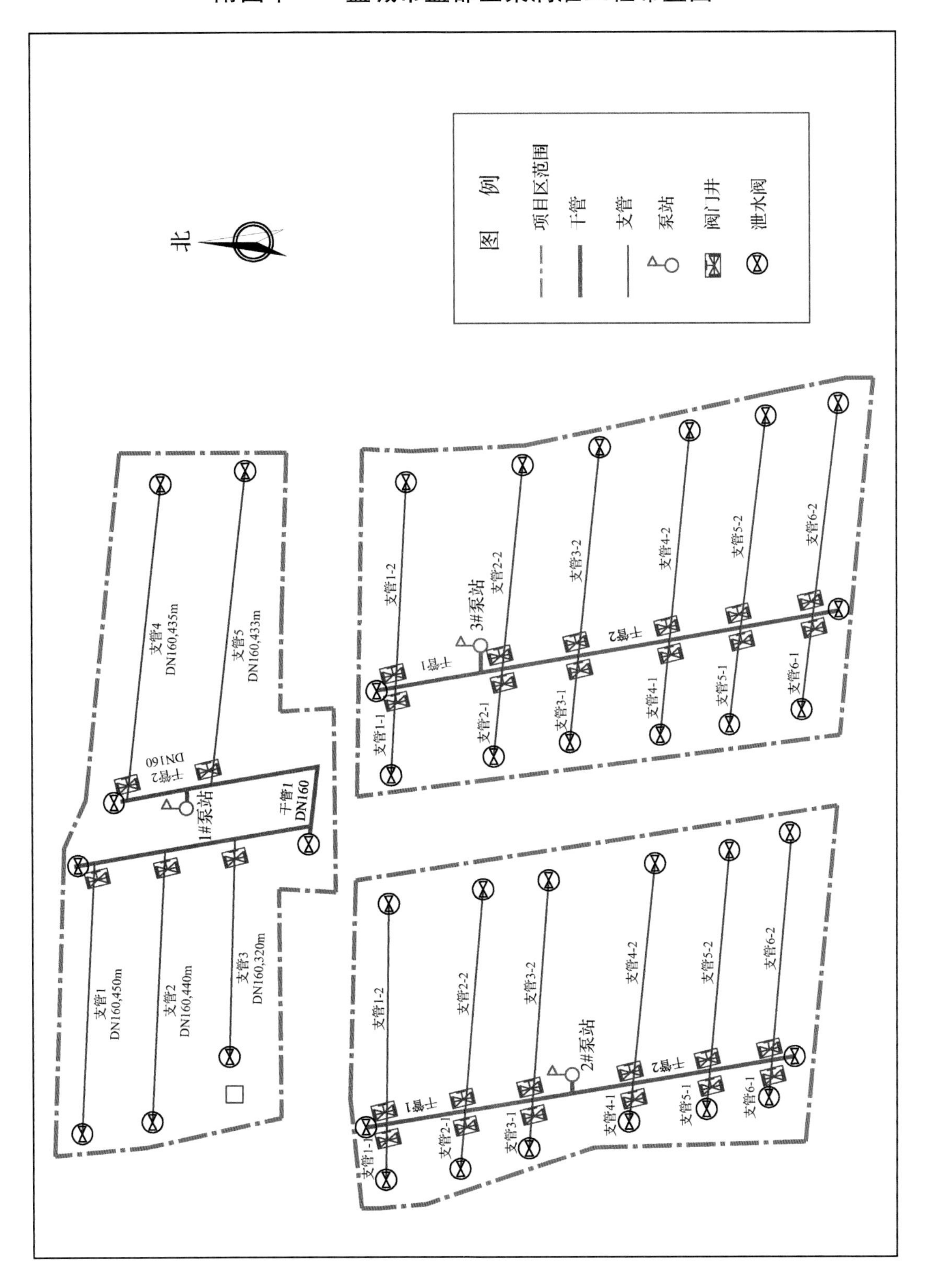

附图十二　宿迁市宿城区某滴灌工程布置图

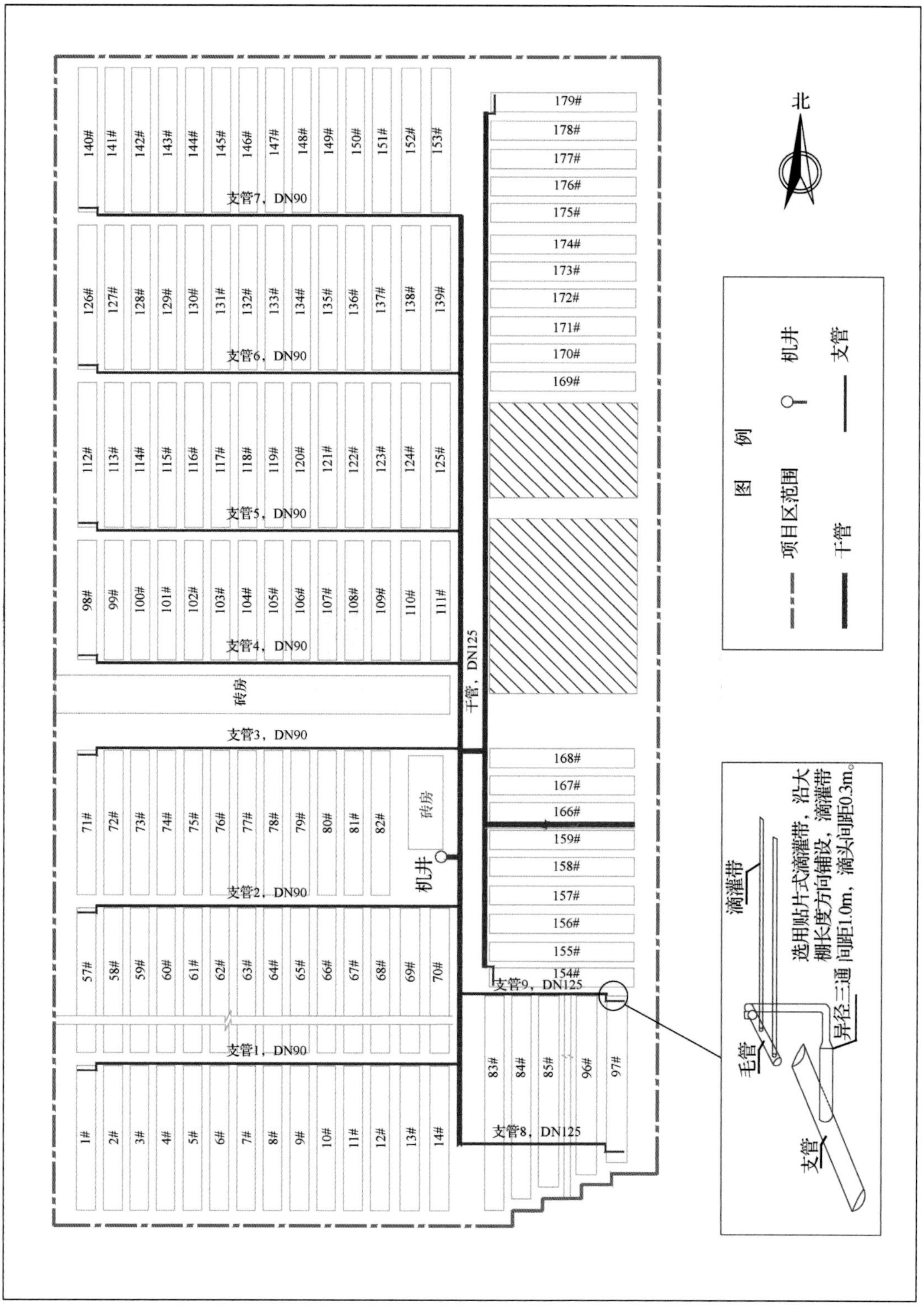

附图十三　南京市江宁区某滴灌工程布置图

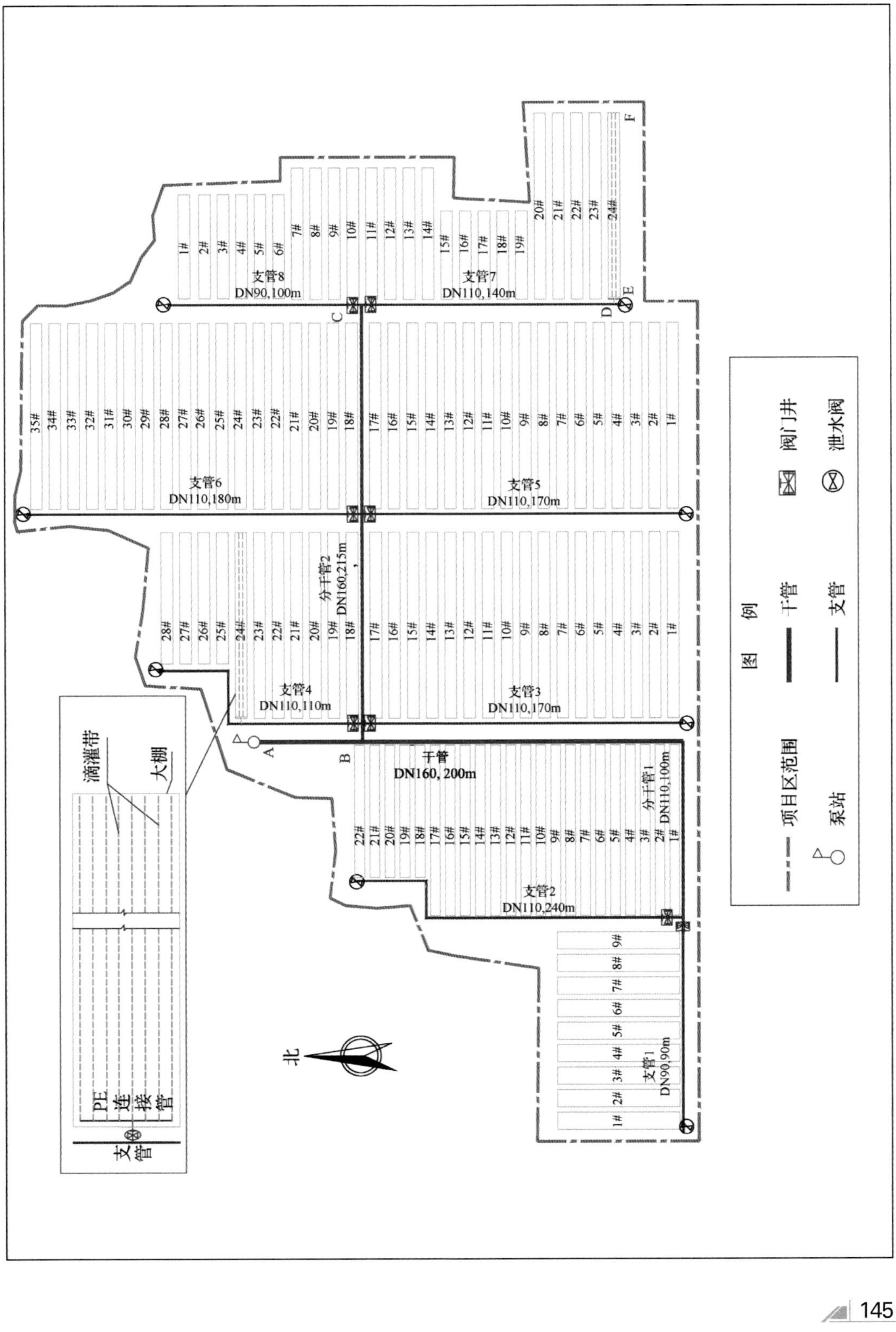

支管8
DN90,100m
1# 2# 3# 4# 5# 6# 7# 8# 9# 10# 11# 12# 13# 14#
支管7
DN110,140m
15# 16# 17# 18# 19# 20# 21# 22# 23# 24#
C D E F
支管6
DN110,180m
18# 19# 20# 21# 22# 23# 24# 25# 26# 27# 28# 29# 30# 31# 32# 33# 34# 35#
支管5
DN110,170m
1# 2# 3# 4# 5# 6# 7# 8# 9# 10# 11# 12# 13# 14# 15# 16# 17#
分干管2
DN160,215m
支管4
DN110,110m
18# 19# 20# 21# 22# 23# 24# 25# 26# 27# 28#
支管3
DN110,170m
1# 2# 3# 4# 5# 6# 7# 8# 9# 10# 11# 12# 13# 14# 15# 16# 17#
A B
干管
DN160, 200m
分干管1
DN110,100m
1# 2# 3# 4# 5# 6# 7# 8# 9# 10# 11# 12# 13# 14# 15# 16# 17# 18# 19# 20# 21# 22#
支管2
DN110,240m
支管1
DN90,90m
1# 2# 3# 4# 5# 6# 7# 8# 9#
北
滴灌带
大棚
PE连接管
支管

图　例
项目区范围
干管
阀门井
泵站
支管
泄水阀

附图十四 连云港市赣榆区某小管出流灌溉工程布置图

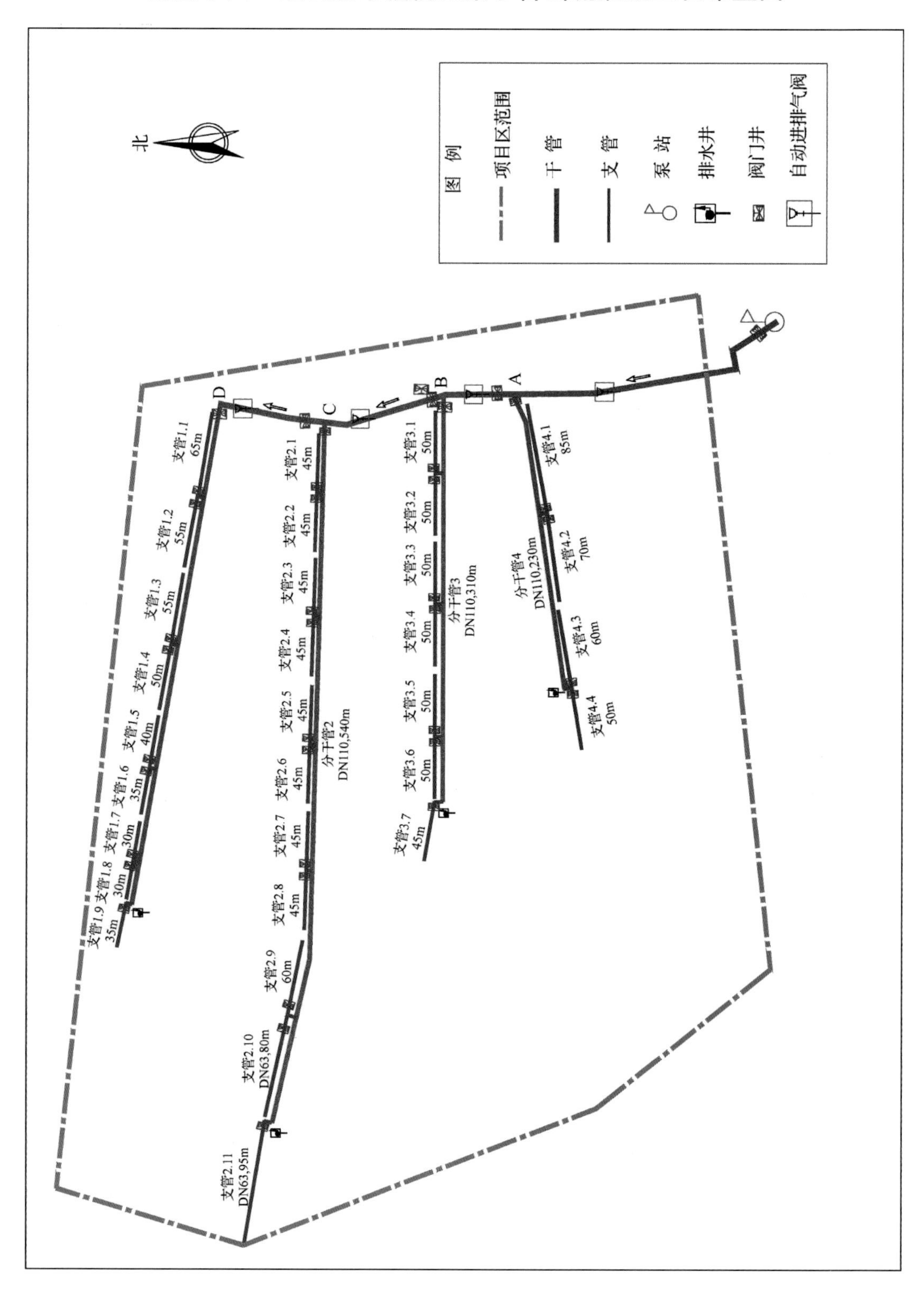

附图十五　连云港市赣榆区某喷灌工程布置图

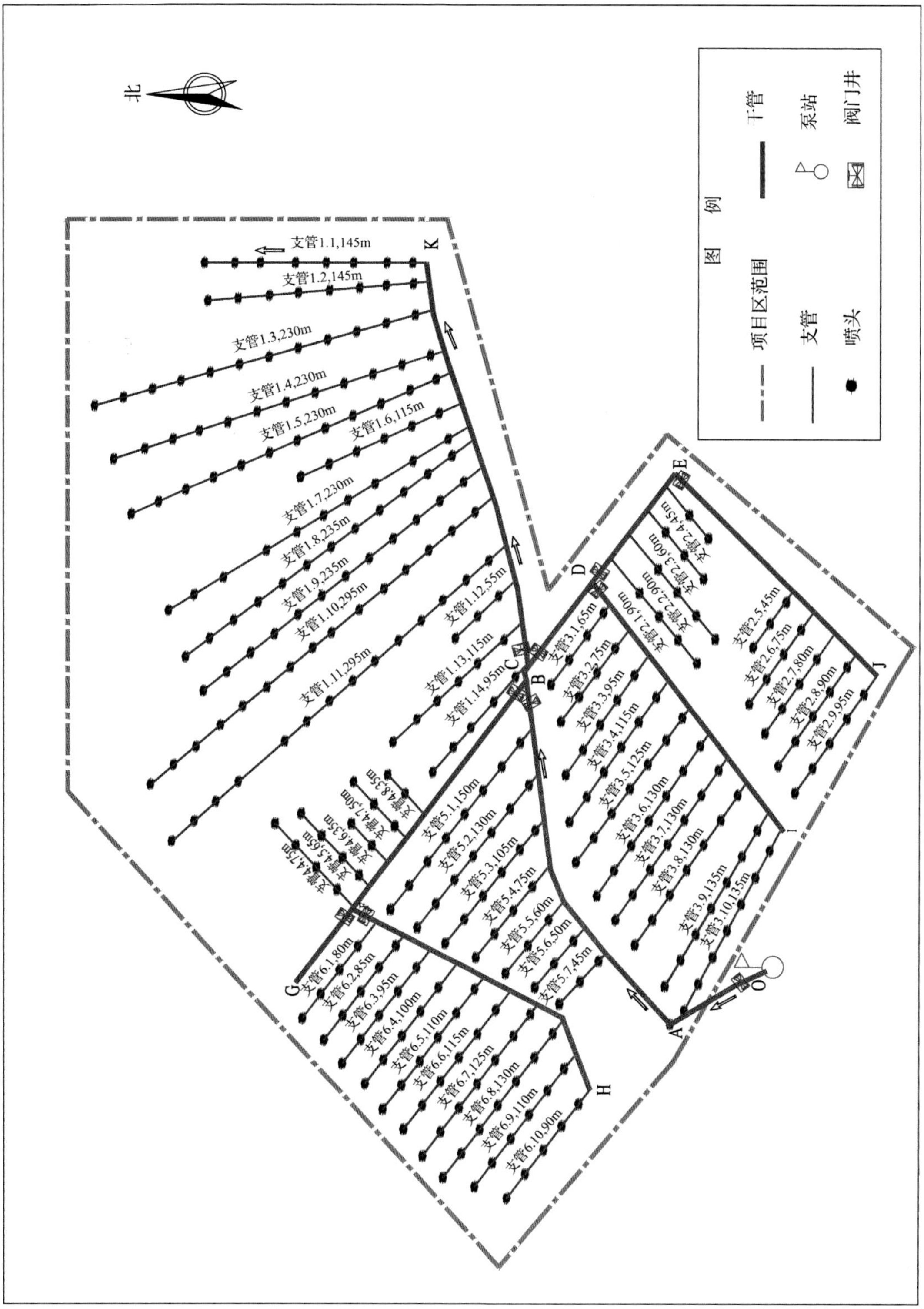

北

图例

项目区范围
干管
支管
泵站
喷头
阀门井

支管1.1,145m
支管1.2,145m
支管1.3,230m
支管1.4,230m
支管1.5,230m
支管1.6,115m
支管1.7,230m
支管1.8,235m
支管1.9,235m
支管1.10,295m
支管1.11,295m
支管1.12,55m
支管1.13,115m
支管1.14,95m

支管2.1,90m
支管2.2,90m
支管2.3,60m
支管2.4,45m
支管2.5,45m
支管2.6,75m
支管2.7,80m
支管2.8,90m
支管2.9,95m

支管3.1,65m
支管3.2,75m
支管3.3,95m
支管3.4,115m
支管3.5,125m
支管3.6,130m
支管3.7,130m
支管3.8,130m
支管3.9,135m
支管3.10,135m

支管4.4,75m
支管4.5,65m
支管4.6,35m
支管4.7,50m
支管4.8,35m

支管5.1,150m
支管5.2,130m
支管5.3,105m
支管5.4,75m
支管5.5,60m
支管5.6,50m
支管5.7,45m

支管6.1,80m
支管6.2,85m
支管6.3,95m
支管6.4,100m
支管6.5,110m
支管6.6,115m
支管6.7,125m
支管6.8,130m
支管6.9,110m
支管6.10,90m

K
C
B
D
E
J
I
O
A
G
H

附图十六　南京市江宁区某喷灌工程布置图

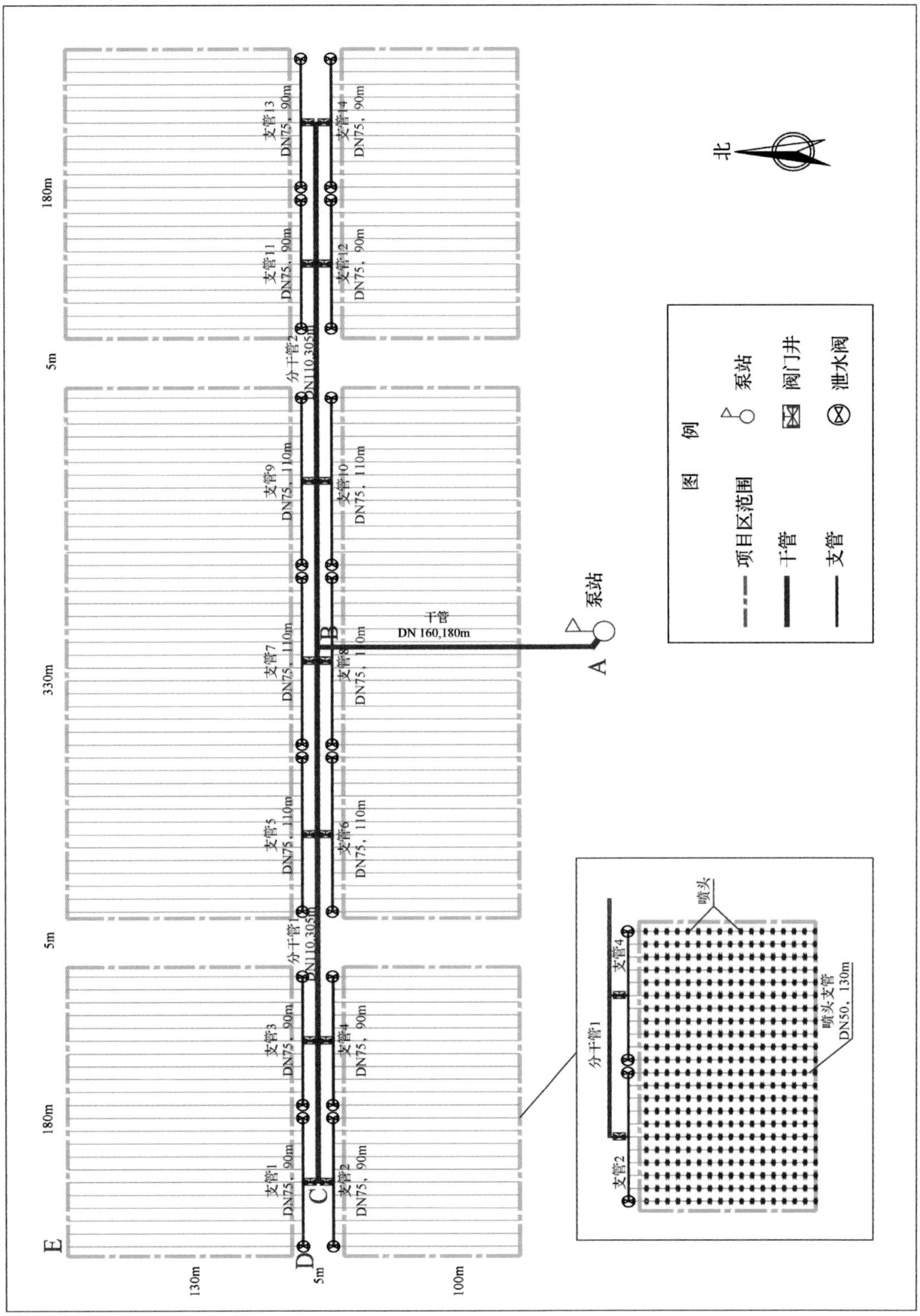

附图十七　如皋市某微灌工程布置图

（1）工程布置图

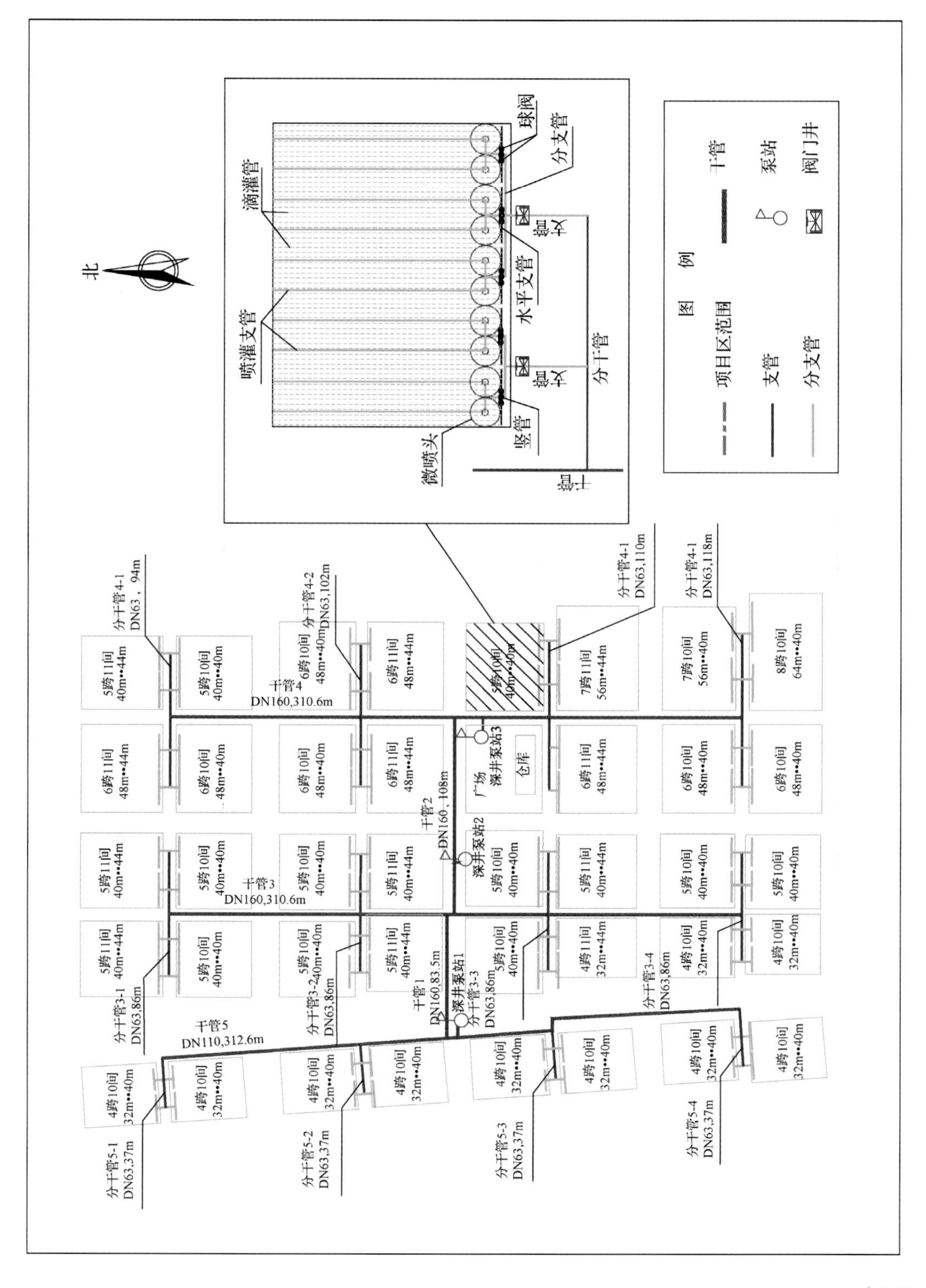

（2）工程效果图

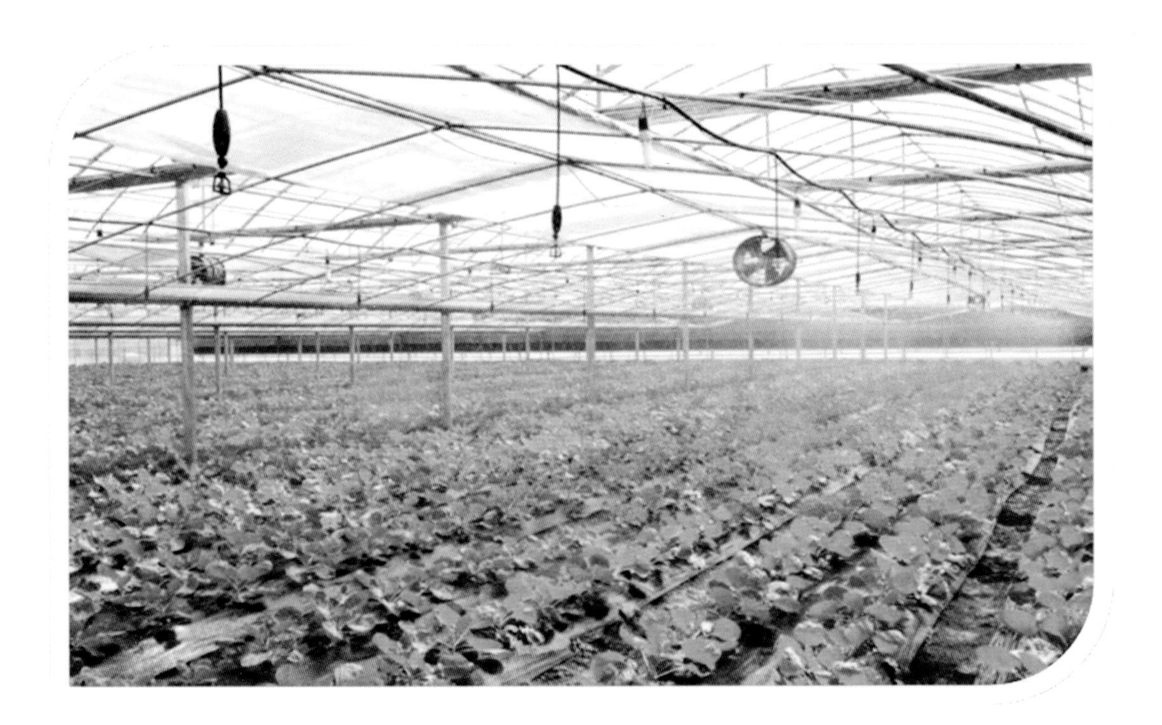

附图十八　苏州市相城区某微灌工程布置图

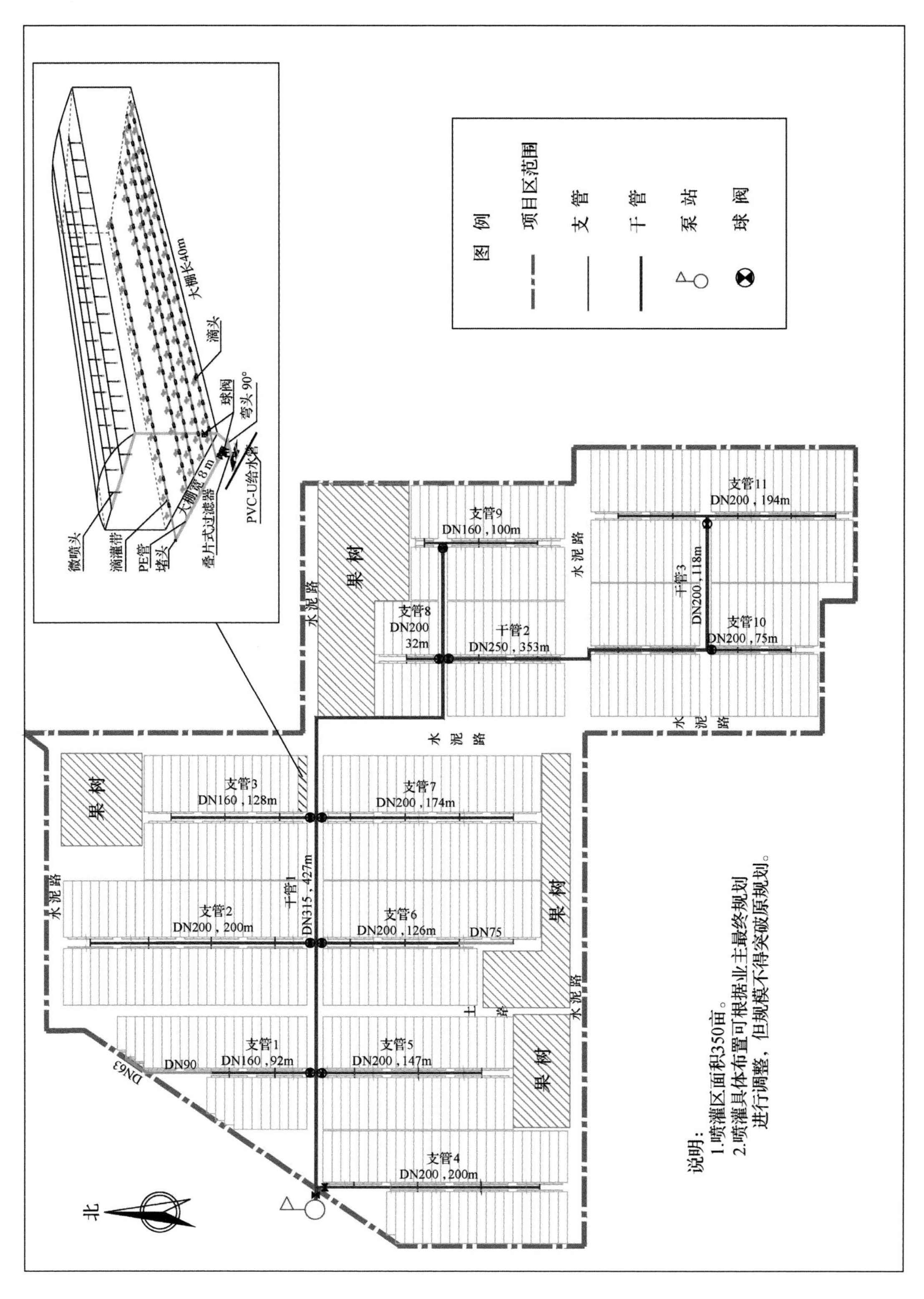

鸣　谢

酌水知源，本书从座谈构思、现场调研、研究应用，到正式出版，得到了相关单位和各级领导和专家的帮助和支持，聚集了大家的关爱，为表达谢意，仅列于此，若有疏漏，敬请谅解。

南京市水务局	谷成标　丁鸣鸣　袁　园
徐州市水利(务)局	尹　伟
常州市水利局	丁光浩　陈汉新
南通市水利局	赵建华　季　巍　王　栋
连云港市水利局	董一洪　吉　宁
淮安市水利局	王亚华　王　栋　孙　苏
盐城市水利局	王国佐　仲　跃　钱建中
扬州市水利局	徐海中　李章林　王　洁
镇江市水利局	曹玉军
泰州市水利局	钱卫清　居　敏
宿迁市水务局	叶志才　毛文江
淮安市水利勘测设计研究院	朱智兵　常　贵　单陆丹
连云港市水利规划设计院	李　明　周路宝　刘　伟
南通市水利勘测设计研究院	陶晓东　陈　祥　韩　玲
南京市水利规划设计研究院	陈晓静　谭晓峰
徐州市水利建设设计研究院	王　刚　张　磊　纪　伟
苏州市水利设计研究院	苏建明　戴如飞
盐城市水利勘测设计研究院	高国威　王星彦
扬州市勘测设计研究院	葛恒军　张绿君
镇江市工程勘测设计研究院	彭晓光　魏玉翠
宿迁市水务勘测设计研究	陈业芹　用明亮
南通和信工程勘测设计研究院	李　燕　范春梅
扬州市江都区水务局	束　新　闫中山　顾广军
盐城市盐都区水利局	陈大飞　王荣宽
徐州市邳州市水利局	李海全　付才强　沈庆平
徐州市铜山区水利局	苗开科　王　振　谈　浩
宿迁市宿城区水务局	刘　军　靳鸿吉　李　强

淮安市青江浦区农业和水利委员会	黄正兵　李　辉　邱　恒
徐州市新沂市水利局	魏　峰　陈科学　程　雪　马　晴
淮安市涟水县水利局	罗会永　邓　继　黄　威
苏州市吴江区水利局	赵培江　杨庆宏
南京市江宁区水务局	易明珠
连云港市赣榆区水利局	李运昌　柏继利　张庆波
南通市如皋市水务局	徐　海　黄　俊　吴序强
苏州市相城区水利局	潘飞龙　吕　益　吴宗达
南京市江宁区谷里水务站	严华践　杨　杰
河海大学	缴锡云

参考文献

[1] 国家质量监督检验检疫总局,国家标准化管理委员会. 农田低压管道输水灌溉工程技术规范:GB/T 20203—2006[S]. 北京:中国标准出版社,2017.

[2] 水利部. 喷灌工程技术规范:GB/T 50085—2007[S]. 北京:中国计划出版社,2007.

[3] 水利部. 微灌工程技术规范:GB/T 50485—2009[S]. 北京:中国计划出版社,2009.

[4] 水利部. 微灌工程技术规范:SL103—1995[S]. 北京:中国水利水电出版社,1995.

[5] 郭元裕. 农田水利学[M]. 3 版. 北京:中国水利水电出版社,2010.

[6] 迟道才. 节水灌溉理论与技术[M]. 北京:中国水利水电出版社,2010.

[7] 张志新. 滴灌工程规划设计原理与应用[M]. 北京:中国水利水电出版社, 2007.

[8] 周世峰. 喷灌工程技术[M]. 郑州:黄河水利出版社, 2011.

[9] 姚彬. 微灌工程技术[M]. 郑州:黄河水利出版社, 2012.

[10] 王留运. 低压管道输水灌溉工程技术[M]. 郑州:黄河水利出版社, 2011.

[11] 郭元裕,李寿声. 灌排工程最优规划与管理[M]. 北京:水利电力出版社, 1994.

[12] 房宽厚,赖伟标. 农田灌溉与排水[M]. 北京:水利电力出版社, 1993.

[13] 王仰仁. 灌溉排水工程学[M]. 北京:中国水利水电出版社,2014.